Heidelberger Taschenbücher Band 4

L. S. Penrose

Einführung in die Humangenetik

2., erweiterte und verbesserte Auflage

Übersetzt und ergänzt von J. Köbberling

Mit 29 Abbildungen

Springer-Verlag
Berlin · Heidelberg · New York 1973

Titel der englischen Originalausgabe:
Outline of Human Genetics. 3rd Edition.
Heinemann Educational Books Ltd., London W. I. / Great Britain

Priv.-Doz. Dr. med. Johannes Köbberling,
D-34 Göttingen, Ludwig-Beck-Straße 3

ISBN-13:978-3-540-06283-7   e-ISBN-13:978-3-642-65603-3
DOI: 10.1007/978-3-642-65603-3

Das Werk ist urheberrechtlich geschützt. Die dadurch begründeten Rechte, insbesondere die der Übersetzung, des Nachdruckes, der Entnahme von Abbildungen, der Funksendung, der Wiedergabe auf photomechanischem oder ähnlichem Wege und der Speicherung in Datenverarbeitungsanlagen bleiben, auch bei nur auszugsweiser Verwertung, vorbehalten.

Bei Vervielfältigungen für gewerbliche Zwecke ist gemäß § 54 UrhG eine Vergütung an den Verlag zu zahlen, deren Höhe mit dem Verlag zu vereinbaren ist.

Die Wiedergabe von Gebrauchsnamen, Handelsnamen, Warenbezeichnungen usw. in diesem Werk berechtigt auch ohne besondere Kennzeichnung nicht zu der Annahme, daß solche Namen im Sinne der Warenzeichen- und Markenschutz-Gesetzgebung als frei zu betrachten wären und daher von jedermann benutzt werden dürften.

© by Springer-Verlag Berlin · Heidelberg 1973

Herstellung: Konrad Triltsch, Graphischer Betrieb, 87 Würzburg

Vorwort zur ersten Auflage

Die Genetik des Menschen ist für jeden von Interesse. Man kann zwar zufrieden leben, ohne je die Gelegenheit zu haben, sich mit der Zucht von Tieren und Pflanzen zu beschäftigen, aber fast jedermann wird gelegentlich über seine eigene Herkunft nachdenken. In den letzten Jahren wurde zudem viel über Erbveränderungen, d. h. Mutationen, spekuliert, die wahrscheinlich durch die wachsende Belastung mit ionisierenden Strahlen verursacht werden, der die Menschheit jetzt im beginnenden Atomzeitalter ausgesetzt ist. Ohne eine gute Kenntnis der Humangenetik sind Auskünfte auf diese Fragen schwer zu erhalten und zu verstehen. Die Regeln der Vererbung, wie sie für große Populationen, wie die Gattung Mensch, gelten, sind zwar den Spezialisten in vieler Hinsicht gut bekannt, aber nicht leicht allgemeinverständlich darzustellen. Sie bilden jedoch die notwendige Grundlage für die Beurteilung der zukünftigen Entwicklung.

Das Ziel dieses Grundrisses ist, eine Einführung in die bekannten Tatsachen der Humangenetik zu geben, die für die meisten Leser verständlich sein soll, auch wenn sie keine Kenntnisse auf diesem Gebiet mitbringen. Infolge der schnellen Entwicklung dieser Wissenschaft im letzten halben Jahrhundert ist es fast so schwierig geworden, sie Nicht-Spezialisten zu erklären, wie es etwa bei den Grundlagen der Physik der Fall wäre. Fachausdrücke, die dem Spezialisten ganz vertraut sind, lassen den Uneingeweihten unnötig zurückschrecken. Soweit wie möglich werden diese Begriffe vermieden. Wenn sie unvermeidbar sind, was leider oft der Fall ist, werden sie erklärt. Einige technische Einzelheiten sind im Anhang tabellarisch aufgeführt.

Das Thema dieses Buches ist so umfassend, daß es unmöglich bei so kleinem Umfang in allen Einzelheiten behandelt werden kann. Diese Darstellung soll nur als Grundriß und als Einführung für ein gründlicheres Studium dienen. In den meisten Kapiteln werden Anschauungen dargestellt, die mehr oder weniger von allen Spezialisten geteilt werden, aber der Leser sei schon jetzt darauf hingewiesen, daß im sechsten Kapitel die persönliche Auffassung des Autors vorherrscht.

Bei der Materialsammlung für dieses Buch haben mir eine Reihe von Kollegen geholfen, und ich möchte diese Gelegenheit benutzen, den Herren Dr. N. A. BARNIKOT, Dr. J. BRONOWSKI, Dr. C. E. FORD, Dr. P. LEVINE, Dr. T. T. PUCK, Frau Dr. EDITH RÜDIN, sowie den Herren Dr. K. SHIZUME und Dr. J. H. TJIO zu danken. Besonderen Dank schulde ich Herrn A. J. LEE für seine Zeichnungen und Fräulein HELEN LANG BROWN für ihre Arbeit bei der Zusammenstellung und Durchsicht des Manuskriptes.

Galton Laboratory,   L. S. P.
University College, London.
März 1959

Vorwort zur zweiten Auflage

Um den Inhalt dieses Buches auf den letzten Stand zu bringen und um einige Versäumnisse gutzumachen, wurden im Text kleine Veränderungen vorgenommen und ein neues Kapitel (VII) angehängt.

August 1962   L. S. P.

Vorwort zur 2. deutschen Auflage

Eine 2. deutsche Auflage mit einigen kleinen Veränderungen und Ergänzungen war bereits in Vorbereitung, als im Mai 1972 Prof. PENROSE verstarb. Er hinterließ Manuskripte für die völlige Neugestaltung einer 3. englischen Auflage. Diese wurden uns freundlicherweise vom Verlag *Heinemann Educational Books Ltd.*, London, zur Verfügung gestellt, noch ehe die englische Neubearbeitung erfolgen konnte.

Das Material, das 1962 als Ergänzung in Form eines neuen Kapitels (VII) angehängt wurde, wurde jetzt in die Kapitel I—VI eingebaut und durch die wichtigsten Ergebnisse der letzten 10 Jahre ergänzt. Dabei wurden noch einige zusätzliche Abbildungen aufgenommen, und das Literaturverzeichnis wurde auf den neuesten Stand ergänzt.

Zusätzlich zu dem von Prof. PENROSE hinterlassenen Text wurden an einigen Stellen Ergänzungen vorgenommen, die bereits vorher für die deutsche Auflage geplant waren, und die Kapitel „Sozialgenetik" und „Gewebsantigene" wurden neu aufgenommen.

Wir hoffen, hiermit im Sinne von Prof. PENROSE gehandelt zu haben.

Juli 1972   Der Übersetzer

Inhaltsverzeichnis

I. Grundlegende Beobachtungen ... 1

Zunehmende Kenntnis über die grundlegenden Tatsachen: frühe Stammbaumaufzeichnungen ... 1
Das Prinzip der Mendelschen Aufspaltung, angewandt auf den Menschen ... 7
Genetische Erforschung der Bevölkerung ... 10
Nicht aufspaltende Merkmale ... 11
GALTONS Untersuchungen über die Körpergröße ... 13
Überholte Vererbungstheorien: Vermischung, Lamarckismus ... 14
Die vererbbaren Einheiten: Die Gene ... 16
Die Chromosomen des Menschen ... 17
Zytoplasmatische Vererbung ... 24

II. Wirkungen einzelner Gene ... 25

Die Funktion des Gens ... 25
Die Blutgruppenantigene ... 26
Vererbungsmodus der ABO-Blutgruppen ... 28
Gewebsantigene ... 29
Dominante und rezessive Merkmale ... 31
Seltene dominante Merkmale: Ektrodaktylie ... 33
Seltene rezessive Merkmale: Alkaptonurie ... 36
Blutsverwandtschaft der Eltern ... 36
Statistische Besonderheiten des Eins-zu-Drei-Verhältnisses ... 38
Unvollständig rezessive Merkmale ... 39
Anomalien des roten Blutfarbstoffes ... 40
Das Beispiel Phenylketonurie ... 42
Die Manifestation von Genen ... 44

III. Gene und Populationen ... 46

Das Prinzip der zufälligen Paarung und die Gen-Häufigkeiten ... 46
Phänotypen und Gen-Häufigkeiten ... 48
Anthropologische Genetik ... 50
Wirkungen der natürlichen Auslese auf Gen-Häufigkeiten ... 51
Mutationen und ihre Beziehung zur natürlichen Auslese ... 52
Beispiele von Neumutationen beim Menschen ... 54
Rezessive Mutationen und Inzucht ... 55
Typen des Gleichgewichts von Gen-Häufigkeiten in der Bevölkerung ... 57
Strahlung als Ursache von Mutationen beim Menschen ... 59
Das stabile genetische Gleichgewicht durch Heterozygoten-Vorteil ... 60
Die Stabilität der Variation bei abgestuften Merkmalen ... 61
Die Untersuchung abgestufter Merkmale ... 62

IV. Gemeinsames Vorkommen von Merkmalen und Kopplung ... 64

Zusammenhang mit dem Geschlecht ... 64
Das Prinzip der geschlechtsgebundenen Vererbung ... 65

Barr-Bodies 66
Das Geschlechtsverhältnis 67
Untersuchung von Stammbäumen mit geschlechtsgebundenem
Erbgang 67
Mutation geschlechtsgebundener Gene 70
Echte genetische Kopplung 71
Das Y-Chromosom 73
Geschlechtsbeeinflussung autosomal erblicher Merkmale . . . 75
Autosomale Kopplung 76
Das Rhesus-System 79
Nicht auf Kopplung beruhendes gemeinsames Vorkommen von
Merkmalen 81
Körperbautypen 82

V. Wechselwirkungen zwischen Umwelt und Erbe 84

Zwillinge 84
Die Unterscheidung erblicher und umweltbedingter Einflüsse . . 86
Das Geburtsgewicht 89
Mißbildungen 90
Anenzephalie 91
Zusätzliche Chromosomen 93
Chromosomenbrüche 97
Experimentelle Untersuchungen von Mißbildungen 98
Pharmakogenetik 99
Infektionen des Feten 101
Geisteskrankheiten 102
Genetische Voraussagungen 103
Besondere Bedeutung des Vaters 105
Genetik und Krebsforschung 106

VI. Eugenik 109

Das allgemeine Problem 109
Eugenisch ungünstige Wirkungen der Zivilisation 110
Unterschiedliche Fruchtbarkeit und Intelligenz 111
Veränderungen durch die Umwelt 113
Genetische Grundlagen der Intelligenz: zu erwartende Folgen . 114
Eine theoretische Population 115
Künstliche Besamung 118
Negative Eugenik 119
Amniozentese 120
Die menschliche Rasse 121
Sozialgenetik 124
Die Zukunft der Humangenetik 126

Anhang 129

A. Mathematischer Beweis des Hardy-Weinbergschen Gleichgewichts 129
B. Blutgruppen-Genhäufigkeiten in England 130
C. Stabiles genetisches Gleichgewicht bei "random mating" . . 130

D. Prozentuale Häufigkeit der Genotypen von Elternpaaren bei Panmixie in bezug auf die allelen Gene am Rhesus Locus, D und d 131
E. Verteilung der Leistenzahlen bei den Fingerabdrücken männlicher Zwillingspaare 131

Literatur 133
Namenverzeichnis 137
Sachverzeichnis 139

I. Grundlegende Beobachtungen

Zunehmende Kenntnis über die grundlegenden Tatsachen: frühe Stammbaumaufzeichnungen

Die Erforschung der Genetik des Menschen beginnt nirgendwo plötzlich. Seit dem Erwachen der Kultur interessierte man sich für die Weitergabe gewisser körperlicher und geistiger Merkmale von den Eltern auf die Kinder. Ursprünglich wurden die Beweise, auf denen diese Vorstellungen beruhten, nicht systematisch zusammengetragen. Anekdoten und Aberglauben hatten einen großen Einfluß auf die Anschauungen. Geordnete wissenschaftliche Erkenntnis ist das Produkt einer relativ späten Entwicklung, die oft erst in das 17. Jahrhundert datiert wird. Die wissenschaftliche Erforschung der Vererbung beim Menschen beginnt sogar noch später. Verglichen mit den Untersuchungen über die Vorgänge bei der Vererbung niederer Tiere und Pflanzen, hinkten die Untersuchungen beim Menschen jedoch keineswegs nach. Einige der frühesten genetischen Beobachtungen wurden sogar am Menschen gemacht.

In wissenschaftlichen Aufzeichnungen des 18. Jahrhunderts finden sich schon ab und zu Hinweise auf die Wiederholung von Besonderheiten bei verschiedenen Mitgliedern derselben Familie. Einige der frühen Beobachter erkannten schon, daß man zwei wichtige Punkte beachten mußte, wollte man zeigen, daß das Auftreten eines Merkmales, z. B. bei Vater und Sohn, eine biologische Bedeutung hat. Erstens mußte wahrscheinlich sein, daß das Merkmal angeboren und nicht erworben war. Es konnte eine Deformität oder eine Besonderheit sein, die schon früh im Leben auftrat, aber es durfte keine Infektionskrankheit sein. Zum anderen mußte dieses Merkmal genügend selten sein, um zufälliges Auftreten in einer Familie unwahrscheinlich erscheinen zu lassen. 1752 berichtete P. L. M. DE MAUPERTUIS, der Mathematiker, Naturkundler und Entdecker, von einer Familie, in der Träger von zusätzlichen Fingern und Zehen durch vier Generationen gefunden wurden. Er schätzte, daß in Berlin, dem Wohnsitz dieser Familie, zusätzliche Finger als Anomalie in einer Häufigkeit von eins auf 20 000 vorkamen. Wie er weiter nachweisen konnte, war die Wahrscheinlichkeit, daß zwei oder drei Mitglieder einer Familie rein zufällig diese Anomalie aufwiesen, ganz verschwindend gering. Einige Jahre später berichtete der englische Naturforscher HENRY BAKER über den Fall des sogenannten Stachelschweinmenschen Eduard Lambert, dessen sechs Kinder ähnlich befallen waren. Er betonte, daß eine so ungewöhnliche Hautkrankheit nur dann in zwei Generationen auftreten könne, wenn sie wirklich vererbt sei. Diese Ansicht wurde über ein Jahrhundert später auch von CHARLES DARWIN ausgesprochen. Er machte auf dieselbe Familie aufmerksam, die zu seiner Zeit auf mindestens drei Generationen mit befallenen Personen angewachsen war (s. Abb. 23).

Nach unserer heutigen Auffassung reicht es jedoch nicht aus, einfach festzustellen, daß eine Besonderheit auf irgendeine biologische Weise vererbt wird. Wir möchten etwas über den Mechanismus der Vererbung wissen. Dazu muß man die Regeln der Weitergabe in den Familien ermitteln. Das ist eine der wichtigsten Aufgaben der genetischen Forschung. Präzise Beobachtung ist eine grundlegende Voraussetzung. Obgleich die genaue Aufzeichnung genetisch bedeutsamer Informationen über Familien erst in jüngerer Zeit zur allgemeinen Gewohnheit wurde, reichten einige frühere Beobachtungen aus, den Weg für die Zukunft abzustecken.

Das kann ich nicht besser erläutern, als mit einem Teil des bemerkenswerten Briefes über die Farbenblindheit, der in den *Philosophical Transactions of the Royal Society* veröffentlicht ist. Mr. J. SCOTT schrieb am 26. Mai 1777 folgendes an den Rev. Mr. WHISSON vom Trinity College, Cambridge:

„Es ist ein altes Familienleiden: mein Vater hat genau dieselbe Anomalie; meine Mutter und eine meiner Schwestern konnten alle Farben fehlerfrei sehen, meine andere Schwester und ich in der gleichen Weise unvollkommen; diese letzte Schwester hat zwei Söhne, beide betroffen, aber sie hat eine Tochter, die ganz normal ist; ich habe einen Sohn und eine Tochter, und beide sehen alle Farben ohne Ausnahme; so ging es auch ihrer Mutter; meiner Mutter Bruder hatte denselben Fehler wie ich, obgleich meine Mutter, wie schon erwähnt, alle Farben gut erkannte.

Ich kenne kein Grün in der Welt; eine rosa Farbe und ein blasses Blau sehen gleich aus, ich kann sie nicht unterscheiden. Ein kräftiges Rot und ein kräftiges Grün ebenfalls, ich habe sie oft verwechselt; aber gelb (hell, dunkel und mittel) und alle Abstufungen von Blau, außer dem ganz blassen, gewöhnlich Himmelblau genannten, erkenne ich absolut richtig und kann Unterschiede bis zu einem erheblichen Grad von Feinheit erkennen: ein kräftiges Purpur und ein tiefes Blau verwirren mich manchmal. Ich habe meine Tochter vor einigen Jahren einem vornehmen und würdigen Mann vermählt; am Tage vor der Hochzeit kam er in einem neuen Mantel aus bestem Stoff in mein Haus. Ich war sehr gekränkt, daß er (wie ich glaubte) in Schwarz kam und sagte, er solle gehen und die Farbe wechseln. Aber meine Tochter sagte, die Farbe sei sehr vornehm; es seien meine Augen, die mich

Begründer der Humangenetik
A. E. GARROD (1858—1936)

Begründer der Humangenetik
F. Galton (1822—1911)

Begründer der Humangenetik
W. Weinberg (1862—1937)

Begründer der Humangenetik
K. LANDSTEINER (1868—1944)

trögen. Er war ein Rechtskundiger und trug einen feinen weinroten Anzug, der für mein Auge so schwarz ist, wie alles Schwarz, das je gefärbt wurde."

Diese Besonderheit des Farbensehens übrigens, die beim Menschen so leicht zu demonstrieren ist, könnte man nur unter größten Schwierigkeiten bei einem Tier feststellen. Erst 150 Jahre später wurde die Bedeutung der zitierten genetischen Beobachtung gebührend gewürdigt. Der Stammbaum der Familie ist in Abb. 1 zu sehen, und obgleich die

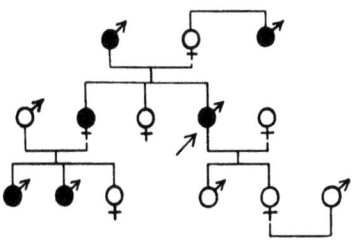

Abb. 1. Stammbaum mit Farbenblindheit. Mr. Scott ist durch den Pfeil gekennzeichnet und wie die anderen Familienmitglieder, die die Anomalie aufweisen, ist er durch einen ausgefüllten Kreis gekennzeichnet. Der „Rechtskundige", der Mr. Scotts Tochter geheiratet hat, ist als letzter in der unteren Reihe gezeigt. Wie die anderen Nicht-Befallenen ist er durch einen hohlen Kreis dargestellt

Erklärung erst später in diesem Buch folgt, können wir an ihm doch gleich einiges klarmachen. Nach allgemeiner Übereinkunft werden alle Personen einer Generation durch eine horizontal angeordnete Reihe von Kreisen symbolisiert. Diejenigen, die oberhalb davon durch eine horizontale Linie verbunden sind, sind Geschwister, die, die durch eine Linie unterhalb verbunden sind, sind Elternpaare. Männer und Frauen werden durch die üblichen biologischen Symbole unterschieden — das des Planeten Mars (Schwert und Schild) für Männer, das des Planeten Venus (ein Handspiegel) für Frauen. Manche bevorzugen Quadrate und Kreise, um denselben Unterschied auszudrücken, aber ich persönlich finde die traditionellen Symbole gefälliger und geeigneter.

Das Prinzip der Mendelschen Aufspaltung, angewandt auf den Menschen

Das wohl Bemerkenswerteste an der hier beschriebenen Familie ist vom Standpunkt des Genetikers aus die scharfe Unterscheidung zwischen den farbenblinden und den farbentüchtigen Personen. Diese natürliche Trennung von Personen in zwei Klassen durch ein einziges erbliches Merkmal heißt in der Fachsprache Aufspaltung. Sie ist eine sehr wesentliche Erkenntnis der Genetik, und durch sie erst konnte G. MENDEL im Jahre 1865 die erste richtige Erklärung von Pflanzenzuchtexperimenten geben. Merkwürdigerweise wurde die Idee der Vererbung umschriebener Einheiten von fast allen Forschern der Tier- und Pflanzengenetik bis ungefähr zum Jahre 1900 völlig außer acht gelassen. Wahrscheinlich haben die Untersucher der menschlichen Vererbung ihre Bedeutung nicht erkannt, weil Merkmale, die sich als Einheiten weitervererben und die eben die Eigenschaft der strengen Aufspaltung haben, nicht leicht zu finden sind. Die Merkmale, die allgemeines Interesse erregen, sind meistens ganz anderer Art. Die Leute möchten wissen, ob ihre Kinder klug oder dumm sein werden, schön oder häßlich, groß oder klein, gesund oder kränklich und so weiter. Solche sozial bedeutsamen Merkmale wurden auch beim Menschen gründlich untersucht, und über ihre Vererbung ist viel geschrieben worden. Es ist jedoch eine wichtige Tatsache und allgemeine Regel, daß sie nicht in den Familien aufspalten und deshalb zu einer anderen Gruppe von Phänomenen gehören als einfache Merkmale, wie Farbenblindheit. Kurz gesagt: Genetische Einfachheit bedeutet, daß das betreffende Merkmal sich als eine Einheit verhält, daß man genau feststellen kann, ob es vorhanden ist oder nicht. In diesem Fall kann die Wahrscheinlichkeit, daß es auf einen Verwandten vererbt wird, exakt bestimmt werden. Im einfachsten Fall ergibt sich als Wahrscheinlichkeit ein *Mendelsches Verhältnis*. Dies hat einen Wert von etwa ein halb oder ein viertel. Im Fall der Farbenblindheit z. B. überträgt eine Mutter, die diese Anomalie in ihren Erbanlagen trägt, ohne selbst befallen zu sein, sie im Durchschnitt auf die Hälfte ihrer Söhne.

Vor über hundert Jahren gab es viele Beschreibungen familiärer Leiden oder Mißbildungen, die auf den ersten Blick unverständlich wirkten, die aber jetzt, sorgfältig klassifiziert, ziemlich einfache Typen der Vererbung darstellen. Ein Beispiel ist die Taubstummheit, die in Frankreich ausführlich untersucht wurde und von der M. BOUDIN 1862 zeigte, daß sie sich offenbar ganz unregelmäßig in Familien konzentrierte. Frühe Beispiele genauer Stammbaumuntersuchungen waren die von J. C. OTTO, 1803, und von C. F. NASSE, 1820, über Familien mit vielen Fällen von Bluterkrankheit. Eine andere gut erforschte Form der Vererbung wurde von dem amerikanischen Arzt I. W. LYON, 1863, beobachtet, der sich mit einer bestimmten Nervenkrankheit, der Chorea Huntington, beschäftigte. Dies ist eine langsame Degeneration des Gehirns, die im Alter von etwa 35 Jahren beginnt und oft mit geistiger Störung verbunden ist.

Solche Beobachtungen gingen aber unter in einer Flut von fast sinnlosen Beschreibungen familiärer Fälle von Krankheiten und Anomalien, die nicht deutlich aufspalten und deshalb nicht als genetische Einheit behandelt werden können. P. LUCAS in Frankreich und W. SEDGWICK in England verfaßten Zusammenfassungen derartiger Berichte, die ein großes Durcheinander von Merkmalen verschiedenen Ursprungs enthielten. Unter diesen Merkmalen, von denen man glaubte, daß sie erblich seien, weil sie oft in einer Familie wiederkehrten, finden wir Lepra und Tuberkulose zusammen mit Schwachsinn oder der Abneigung gegen den Geruch von Käse. Es ist nicht überraschend, daß ein solches Durcheinander verbreitet war, weil die Menschen natürlicherweise von der Wiederkehr merkwürdiger oder auffallender Eigenschaften oder Krankheiten in einer Familie beeindruckt wurden, welche Ursache sie auch immer haben mochte. Es gibt keinen Grund, warum ein Merkmal, das medizinisch oder sozial bedeutsam ist, deshalb auch vom genetischen Standpunkt aus leicht zu erfassen sein sollte; die meisten bieten in der Tat extrem schwierige Probleme.

Der Wunsch, die dringlichen Fragen nach der Vererbung von Eigenschaften, wie Gesundheit und Intelligenz, zu beantworten, ist von vornherein zum Scheitern verurteilt, sie entsprechen nicht genetischen Einheiten. Für manche ist es enttäuschend, zu erfahren, daß vom Genetiker leichter eine klare Antwort auf Fragen gegeben werden kann, die für den Laien viel weniger bedeutsam erscheinen — das heißt über Eigenschaften, die zufällig leicht zu erforschen sind, weil sie aufspalten. Außerdem sind viele der am besten erfaßbaren genetisch einheitlichen Merkmale gänzlich dem Auge verborgen und können nur mit Hilfe eines umständlichen technischen Aufwandes erkannt werden. Hierunter fallen z. B. die biochemischen Unterschiede zwischen einzelnen Menschen, die ihren Ausdruck in den verschiedenen Blutgruppen finden.

Manchmal haben auch die verborgenen Unterschiede leicht erkennbare Wirkungen. Der Unterschied im Farbensehen, der so deutlich aufspaltet, beruht wahrscheinlich tatsächlich auf leichten biochemischen Unterschieden. Von einer Anzahl von Erbkrankheiten ist schon bewiesen, daß sie auf eine kleine Veränderung des angeborenen biochemischen Musters zurückzuführen sind. Eines Tages mag es möglich sein, die auffallenden Besonderheiten der Gesalt und des Temperamentes auf ähnlich befriedigende Weise zu erklären; zur Zeit ist dieses Ziel jedoch noch sehr weit entfernt. In der Zwischenzeit müssen wir uns den Umständen, die die Natur uns auferlegt hat, unterwerfen und Schritt für Schritt vom Bekannten zum Unbekannten vordringen. Leitprinzip der meisten genetischen Untersuchungen am Menschen ist, eine feste Grundlage von sicheren Tatsachen zu sammeln, auf der aufgebaut werden kann, auch wenn die Tatsachen manchmal seltsam und unbedeutend erscheinen. Dann, und erst dann, können gesellschaftlich bedeutsame Merkmale mit formal-genetischen Begriffen erklärt werden.

Genetische Erforschung der Bevölkerung

Die meisten anerkannten Erklärungen für Vererbungs-Beobachtungen am Menschen wurden aus Ergebnissen von Pflanzen- und Tierzuchtexperimenten abgeleitet. Das kommt daher, daß die experimentellen Genetiker einen großen Vorteil vor den Untersuchern von Stammbäumen haben: Sie können ihre Versuchsstämme kreuzen, wie sie wollen. Sie können die Nachkommen bestimmter Kreuzungen zu jedem beliebigen Zeitpunkt der Entwicklung untersuchen, um nach genetischen Wirkungen zu fahnden. Sie können auch eine Tier- oder Pflanzenart verwenden, die sich leicht und schnell unter Laborbedingungen vermehrt. Die Gattung Mensch dagegen ist kein Laboratoriumsstamm; in der Fachsprache ist sie ein Wildstamm. Vom biologischen Standpunkt aus ist sie eine natürliche, nicht eine experimentelle, Population, obgleich sie die Zivilisation angenommen hat. Außerdem beträgt die Generationsdauer des Menschen ungefähr dreißig Jahre, und die Familien sind klein. Das Erkennen genetischer Veränderungen ist deshalb besonders schwierig. Darüber hinaus können sich einzelne Personen einer Untersuchung widersetzen. Sie können Auskunft über sich und ihre Familie verweigern. Alle diese Umstände zusammen machen die Humangenetik zu einem schwierigen Fach. Es kann also nicht überraschen, daß die meisten Genetiker lieber mit Lebewesen, wie Fliegen, arbeiten, die man in Flaschen halten kann, und die eine Generationsdauer von zwei oder drei Wochen haben, oder, noch besser, mit Bakterien, die sich jede halbe Stunde teilen.

Trotz aller dieser offenkundigen Schwierigkeiten ist die Humangenetik in stürmischer Entwicklung begriffen. Das ist zum Teil eine Folge davon, daß man in jüngster Zeit aus scheinbaren Nachteilen Vorteile gemacht hat. Z. B. kann die Tatsache, daß die Menschen nach eigener Wahl heiraten und nicht auf Befehl eines allmächtigen Institutsdirektors, von den Statistikern oft vorteilhaft ausgenutzt werden. Die Verteilung menschlicher Erbmerkmale in verschiedenen Bevölkerungen kann, weil wir es mit einer natürlichen, nicht künstlichen Selektion zu tun haben, in einer Weise untersucht werden, wie sie bei einem für das Experiment gehaltenen Tierstamm nicht möglich wäre. Die menschliche Bevölkerung ist sehr groß, sie umfaßt etwa 3 000 000 000 Individuen. Auch wenn einige eine wissenschaftliche Untersuchung nicht erlauben, bleiben für die Forschung reichlich Familien aller Art übrig. Mit genügend Ausdauer und Geduld könnte ein Forscher Beispiele von Familien eines ganz bestimmten Typs finden, um fast jede denkbare genetische Theorie zu prüfen oder zu bestätigen. Ein anderer Vorteil bei der Untersuchung von Menschen ist ihre lange Lebensdauer. Der Mensch lebt lange genug, um seine Besonderheiten in Gesundheit und Krankheit in allen Einzelfragen erforschen zu können. Man kennt bei ihm im Gegensatz zu anderen Tieren eine ganze Reihe von erblichen Anomalien, die erst spät im Leben auftreten. Ein menschliches Wesen ist auch groß genug, um ausreichende Mengen von Blut für Forschungszwecke abgeben zu können, ohne mehr als eine leichte Unbequemlichkeit auf sich zu nehmen. So kommt es, daß sich das Studium von erblichen Besonderheiten, wie den serologischen Eigenschaften der roten Blutkörperchen, beim Menschen bis zu einem erstaunlichen Grade entwickelt hat. Die ersten Blutgruppen wurden schon um 1900 von K. LANDSTEINER (siehe Abb.: Begründer der Humangenetik) entdeckt, lange bevor man sich in der experimentellen Genetik etwas Ähnliches träumen ließ. Der Fortschritt auf diesem Gebiet ging beim Menschen ähnlichen Arbeiten am Tier ständig voraus. Die dramatische Entdeckung des Rhesus-Faktors durch LANDSTEINER und A. S. WIENER, 1940, über die später noch mehr gesagt werden soll (s. S. 79 bis 81), ist ein neueres Beispiel für die Bedeutung dieser Forschungen.

Historisch gesehen hat allerdings die Untersuchung von Merkmalen, die sich nicht als Einheit verhalten, den Vorrang. Es liegt nahe, sie zuerst zu besprechen, weil dies die Eigenschaften sind, die das größte Interesse erregt haben.

Nicht aufspaltende Merkmale

Der Denkvorgang benutzt Worte als notwendige Werkzeuge, aber wenn die Worte falsch angewandt werden, führen sie zu einer Verdrehung des Denkens. Ein ausgezeichnetes Beispiel hierfür bieten die Begriffe Vererbung und Erbe. Die Vorstellung, daß Eigentum von den Eltern auf die Kinder weitergegeben wird, ist tief verankert, und man neigt dazu, anzunehmen, die „Gesetze" der natürlichen Vererbung seien ähnlicher Art wie die der Gesetzbücher. Es ist üblich, daß die Leute erwarten, die Form ihrer Nase oder ihr schlechter Charakter werde auf die Nachkommen weitergegeben. Es scheint so einfach, bei körperlichen und geistigen Qualitäten in Begriffen von Hab und Gut zu denken. Und tatsächlich, bis zu einem gewissen Grade scheint diese Analogie brauchbar zu sein.

Der erste Versuch systematischer Untersuchungen auf diesem Gebiet ist die Arbeit von F. GALTON (s. Abb.: Begründer der Humangenetik) über die erbliche Hochbegabung, die er 1869 veröffentlichte. Er stellte ernstlich die Frage, inwieweit Talent und Körperbau in den Familien weitergegeben werden. Bei Durchsuchung von Urkunden fand er, daß ein Kind recht häufig einem Elternteil oder einem anderen Verwandten in auffallenden Fähigkeiten ähnelt. Es wurden Fälle mehrerer nahe verwandter Männer gesammelt, die große Bedeutung erlangt hatten. Z. B. brachte im siebzehnten und achtzehnten Jahrhundert die aus der Schweiz stammende Familie BERNOULLI acht oder zehn nahe verwandte bedeutende Mathematiker hervor. Die Musiker-Familie BACH ist gut bekannt. Es gibt noch mehr Beispiele, wie ALESSANDRO SCARLATTI, der Vater, und DOMENICO, der Sohn. In der Malerei zeugt die große Zahl von Künstler-Söhnen, die wiederum Künstler wurden, vom stark erblichen Charakter ihrer besonderen Fähigkeit. Dafür gibt es viele gut bekannte Beispiele. JACOPO BELLINI z. B., dessen Söhne GIOVANNI und GENTILE bedeutend waren; DAVID TENIERS der Ältere und der Jüngere; und die drei WILLIAM VAN DER VELDE, Vater, Sohn und Enkel. Ähnliche familiäre Häufungen sind auch für Fähigkeiten anderer Art bekannt. Ruderer, Leichtathleten und Cricketspieler bieten augenfällige Beispiele.

Die Abschätzung der Begabung allein auf Grund der erlangten Bedeutung ist jedoch eine unbefriedigende Grundlage für wissenschaftliche Folgerungen über erbliche Merkmale. GALTON erkannte dies im Laufe der Zeit und versuchte schließlich mit beträchtlichem Erfolg Messungen vorzunehmen. Er erkannte, daß es möglich ist, mit Hilfe der sog. Korrelation den Grad der Ähnlichkeit zwischen Verwandten quantitativ zu bestimmen. Auf diese Weise konnte der erbliche Anteil einer bestimmten Eigenschaft gemessen werden. Ein Korrelationskoeffizient von eins würde absolute Gleichheit bedeuten, wohingegen die Korrelation Null keine Ähnlichkeit bedeutet, also wahrscheinlich keinen erblichen Einfluß.

Galtons Untersuchungen über die Körpergröße

Die konkretesten Ergebnisse lieferten Familienuntersuchungen über Ähnlichkeiten und Abweichungen der Körpergröße. GALTON entdeckte, daß auf Grund der Kenntnis der Statur beider Eltern die der erwachsenen Kinder innerhalb gewisser Grenzen vorausgesagt werden kann. Die durchschnittliche Größe der beiden Eltern, ausgedrückt als eine imaginäre „mittlere Elterngröße", erwies sich als wichtiger Schlüssel für die wahrscheinlichste Größe ihrer erwachsenen Söhne und Töchter. Aber eine breite Streuung dieser wahrscheinlichsten Größe nach oben und nach unten wurde für die Nachkommen vorausgesagt. Außerdem ist der vorausgesagte Wert für die Kinder nicht ganz gleich der mittleren Elterngröße. Er liegt ein wenig zum allgemeinen Bevölkerungsdurchschnitt hin verschoben.

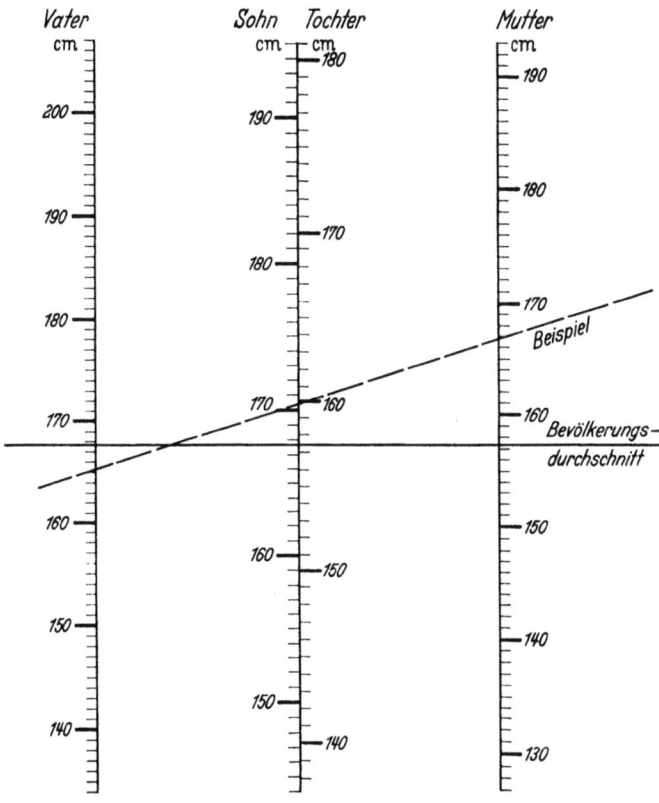

Abb. 2. Nomogramm für die Voraussage der Körpergröße (etwas verändert nach GALTON, 1889). Eine gerade Linie, die die Körpergrößen der Eltern verbindet, sagt die Größe der erwachsenen Söhne und Töchter voraus

GALTON selbst veranschaulichte mit der für ihn charakteristischen Erfindungsgabe die Abhängigkeit der mittleren Größe der Söhne und Töchter von der Statur der Eltern mit Hilfe einer mechanischen Vorrichtung mit Rollen. Genau dasselbe kann auf bequemere Weise mit einem Nomogramm erreicht werden, wie es die Abbildung 2 zeigt. Weil Männer im allgemeinen größer sind und stärker variieren als Frauen, ist eine Korrektur nötig. Deshalb multiplizierte GALTON die Maße für Frauen mit einem konstanten Faktor, um die Standardwerte für beide Geschlechter vergleichbar zu machen. Wenn man die Ergebnisse mit einem Nomogramm ausdrückt, findet diese Korrektur automatisch statt. Die Bevölkerungsmittelwerte in diesem Diagramm sind niedriger als die von GALTON verwandten. Aber das Diagramm gründet sich auf dasselbe genetische Maß, nämlich einen Ähnlichkeitsgrad zwischen Eltern und Kind, der einem Korrelationskoeffizienten von $1/3$ entspricht. K. PEARSONs Beobachtungen ließen ihn annehmen, daß der Grad von Ähnlichkeit größer ist, aber ausführliche Familienmessungen von C. B. DAVENPORT brachten Ergebnisse, die denen von GALTON sehr ähnlich sind. Es ist erstaunlich, daß es keine neueren großen Meßreihen gibt, auf denen vielleicht genauere Tabellen basieren könnten.

Viele Merkmale von kultureller und sozialer Bedeutung — wie eine besondere Begabung für Fußball, Klavierspiel oder Mathematik — verhalten sich vom genetischen Standpunkt aus ganz ähnlich wie die Körpergröße. Wenn Eltern ganz besondere Fähigkeiten oder auffallende Charakterzüge haben, wird eine Untersuchung die allgemeine Tendenz offenbaren, daß die Nachkommen diese Züge auch besitzen. Dasselbe gilt auch für Mangel an Begabung. Eltern, die in der Schule schlecht waren, werden wahrscheinlich auch keine Kinder haben, die in der Schule außergewöhnlich gut abschneiden. Aber in solchen Familien gibt es auch Überraschungen, genauso, wie es Fälle von Schwachsinn unter den Nachkommen hochintelligenter Eltern gibt.

Überholte Vererbungstheorien: Vermischung, Lamarckismus

Zu der Zeit, als GALTON seine Beobachtungen machte, wurde noch allgemein angenommen, daß die erblichen Eigenschaften der Eltern sich in den Nachkommen vermischen. Z. B. müßte demnach eine Ehe eines Afrikaners mit einer Europäerin plausiblerweise ein braunhäutiges Kind hervorbringen — wie es in der Regel auch beobachtet wurde. Die Vermischungsvorstellung ging aber weiter und sagte voraus, daß zwei solch braunhäutige Eltern sich rein weitervererben würden. Das Ergebnis solcher Mischung wäre, daß alle Individuen einer Bevölkerung, wie verschieden auch zu Beginn, schließlich die gleiche Hautfarbe hätten. Alle Variation würde eines Tages verschwunden sein. Da Variation innerhalb einer Tiergattung oder Population aber die Hauptursache der Evolution unter den Bedingungen der natürlichen Selektion ist, und da Evolution wirklich stattgefunden hat, müssen wir annehmen, daß die Variation auf irgendeine Weise ständig gewahrt blieb. DARWIN war sich dieser Schwierigkeit bewußt. Er diskutierte deshalb den Gedanken, daß spontane Abweichungen oder Veränderungen, deren Ursache unbekannt sei, unaufhörlich neu entständen und den Verlust der Variation durch Vermischung kompensierten. Wir wissen heute, daß es solche spontane Veränderungen oder *Mutationen*, die neue Merkmale entstehen lassen, wirklich gibt, aber, wie R. A. FISHER zuerst bewiesen hat, wären sie bei weitem zu selten, um den Verlust der Variation durch Mischung ausgleichen zu können, wenn dieser Typ der Vererbung die Regel wäre.

Das ganze 19. Jahrhundert hindurch wurden die Anschauungen über die Evolution stark von den Ideen LAMARCKs beeinflußt, der glaubte, daß die Ursache vererbter Veränderungen hauptsächlich im eigenen Bestreben des Tieres zu finden sei, sich selbst an die Umwelt anzupassen. Erbliche Veränderung könne z. B. durch Körpertraining erworben werden. Erworbene Muskelentwicklung oder Kraft können weitervererbt werden, ebenso erworbene Defekte. Diese Theorie, die, unterstützt durch I. MICHURIN und seinen Schüler T. D. LYSENKO, die Grundlage für viele Naturphilosophien in der Sowjetunion gebildet hat, ist bestechend. So würde sie z. B. erklären, wie die Variation trotz Mischung erhalten werden kann. Unglücklicherweise aber konnte die Vererbung von zu Lebzeiten des Tieres erworbenen Eigenschaften durch kein Experiment bewiesen werden, mit Ausnahme bestimmter ganz spezieller Umstände. Zumindest können wir sicher sein, daß die Vererbung erworbener Eigenschaften in LAMARCKs Sinne nicht für die Erhaltung der Variabilität in Tierpopulationen verantwortlich ist.

GALTON kam 1889 durch direkte Beobachtung der richtigen Lösung dieses Dilemmas der Vermischung von Eigenschaften sehr nahe. Er beobachtete, daß es in der menschlichen Bevölkerung von einer Generation zur nächsten keine nennenswerte Veränderung im Ausmaß der Variation der Körpergröße gibt. Er nahm an, daß das abgestufte Merkmal Größe, wie auch andere meßbare Merkmale, ein Mosaik kleiner Einheiten ist, „zu klein, als daß seine einzelnen Bausteine im Gesamtbild unterschieden werden könnten". Das bedeutet, daß, obgleich es keine sichtbare Aufspaltung gibt, auch keine wirkliche Vermischung stattfindet. Die Vielzahl der Effekte macht die Einheiten unsichtbar. Wie erwähnt, wurde die genetisch richtige Erklärung damit schon vorausgeahnt; sie blieb aber noch für viele Jahre mißverstanden und vergessen. Als die experimentellen Ergebnisse MENDELs aus dem Jahre 1865 um die Jahrhundertwende wiederentdeckt und bestätigt wurden, war es für GALTON zu spät, ihre Bedeutung voll zu würdigen. Aber immerhin schrieb er, daß er sich selbst geistig mit MENDEL verbunden fühle, „schon durch dasselbe Geburtsjahr 1822".

Die vererbbaren Einheiten: Die Gene

Die Grundlage der neuen Konzeption war einfach, aber umwälzend. Eigenschaften und Merkmale werden strenggenommen überhaupt nicht vererbt. Unabhängig davon, ob sie aufspalten oder nicht, sind sie die sichtbare Manifestation der wirklichen genetischen Substanz, die aus unterscheidbaren Einheiten aufgebaut ist. Jedes Individuum besitzt einen Satz dieser genetischen Einheiten, der ihm von seinen Eltern mit den beiden Keimzellen, der Samenzelle und der Eizelle, mitgegeben worden ist. Die besondere Kombination der von den Eltern übernommenen Einheiten hängt vom Zufall ab, aber die Zahl der Möglichkeiten wird durch die strukturelle und mechanische Gestalt der Erbsubstanz, die in den Keimzellen enthalten ist, begrenzt. Jedes Individuum erhält die Hälfte seines Satzes von Erbeinheiten von jedem Elternteil. Die Begrenzung besagt, daß jeder Elternteil ein Element von jeder Art, das heißt von jedem *Locus*, übertragen muß. Reiner Zufall entscheidet, welches Element an jedem Locus gewählt wird und welches verworfen wird. Alle Elemente oder Einheiten, die am selben Locus vorkommen, heißen *allele Gene* oder *Allele*. Sie können mit einem Satz von Karten verglichen werden. Es gibt viele tausend solcher verschiedener Loci und jeder hat seinen eigenen Satz. Jedes Individuum hat zwei, und nur zwei Karten jedes einzelnen Satzes. Eine der beiden Karten jedes Satzes erhält es vom Vater, die andere von der Mutter.
Der Mechanismus, der diese Karten mischt und austeilt, hängt mit Fäden komplizierter chemischer Struktur zusammen. Alle Zellkerne enthalten sogenannte Nucleinsäuren. In der menschlichen Genetik haben wir es mit der Desoxyribonucleinsäure oder DNS zu tun. Sie kommt in langen Ketten vor, die sich zu parallelen Fäden verbinden, und sie entsteht auf eine der Kristallisation analoge Weise.

Ein *Chromosom* ist ein aufgewickelter Faden, der aus einem Paar miteinander verbundener DNS-Stränge besteht. Wenn der Faden ausgezogen werden könnte, gliche er einem Bandmaß. Er entspricht aber eher einem Computer-Band mit aneinandergereihten verschlüsselten Informationen. Es gibt vier verschiedene Arten von DNS-Einheiten, und ihre Anordnung dient als eine Art Sprache. Die Fäden sind sehr kompakt zusammengeknäuelt, in einer noch nicht völlig geklärten Weise. Außer DNS enthalten die Chromosomen auch andere Substanzen, vor allem Eiweiß und etwas Ribonucleinsäure (RNS). Die RNS dient der Informationsübertragung von der DNS des Kernes zu anderen Zellorten. Jede genetisch aktive Einheit des Stranges ist ein *Gen* und besteht aus einer Kette vieler DNS-Moleküle. Hunderte dieser Moleküle bilden eine funktionelle Einheit, und jedes Chromosom besteht wiederum aus Tausenden solcher Einheiten. An einigen Stellen des Bandes gibt es möglicherweise keine Gene, sondern DNS-Muster, die so gebaut sind, daß sie keine genetische Information enthalten.

Die Chromosomen des Menschen

Der Körper von Menschen und Tieren besteht aus Zellen, die alle, mit Ausnahme der roten Blutkörperchen, einen Kern haben. Die Chromosomen sind Bestandteile des Zellkernes und kommen jeweils nur als Paar vor. Jedes Paar hat eine genau gleiche Anordnung von sogenannten Gen-Loci. Die beiden Chromosomen eines Paares, die *homolog* genannt werden, haben je ein alleles Gen an jedem Locus. Eine Ausnahme bilden nur die Geschlechtschromosomen, denn der Mann hat zwei ungleiche Chromosomen, ein X und ein Y, und nur die Frau hat zwei homologe X-Chromosomen. Entsprechendes gilt für fast alle Tiere. Nur bei Vögeln und Schmetterlingen haben die Männchen ein XX- und die Weibchen ein XY-Paar. Die Zahl der Chromosomenpaare ist bei verschiedenen Spezies unterschiedlich. Bei Mäusen sind es 20 Paare, bei Pferden 33, bei Rindern 30, bei Hunden 39 und bei Schimpansen 24 Paare.
Viele Jahre glaubte man, der Mensch habe 24 Paare. Diese Zahl, die aus PAINTERs Arbeiten 1923 stammte, wurde erst angezweifelt, als neuere Techniken ein klareres mikroskopisches Bild der Chromosomen erlaubten. Die Zahl beträgt, wie Abb. 3 zeigt, eindeutig 46, also verfügt der Mensch über 23 Paare. Dieses Foto stammt aus der ersten Beobachtungsserie, die die richtige Zahl erkennen ließ. Die Zelle, die hier dargestellt ist, teilt sich in 2 Zellen, ein Vorgang, der *Mitose* genannt wird, und der schematisch in der Abb. 4 wiedergegeben ist.

Man kann die Chromosomen nur deswegen erkennen, weil die Kernmembran vorübergehend aufgelöst ist. Das Gewebe stammt von einem Embryo, denn in dieser frühen Phase des Wachstums teilen sich die Zellen besonders schnell. Im Knochenmark und in den sog. Mauserungsgeweben (Haut- und Darmepithelien, Keimdrüsen) des Erwachsenen kommen ebenfalls sehr schnell sich teilende Zellen vor, so daß auch diese Gewebe für denselben Zweck verwendet werden.

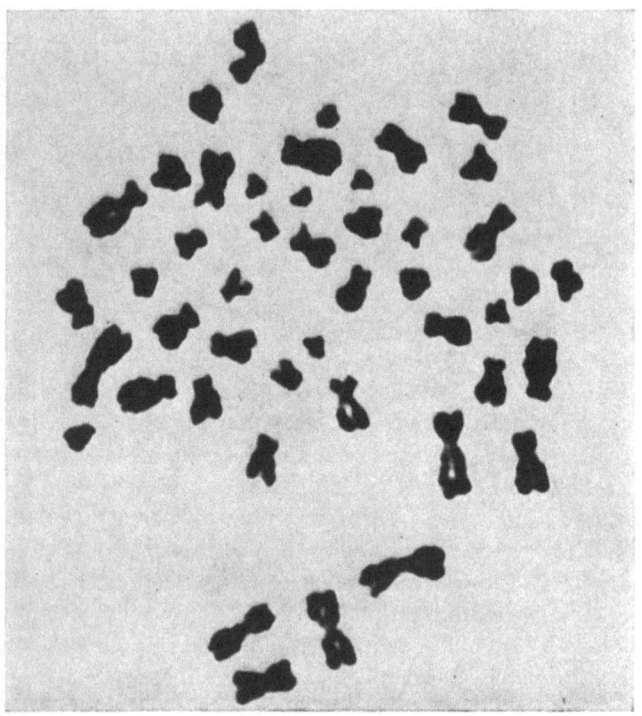

Abb. 3. Chromosomen aus menschlichem embryonalem Lungengewebe; sie teilen sich gerade der Länge nach (nach TJIO und LEVAN, 1956)

Die meisten Chromosomenuntersuchungen werden heute an Kulturen von Haut- oder Knochenmarkzellen durchgeführt. Die Entnahme belastet den Patienten kaum, und die Technik ist leicht erlernbar, erfordert aber Geschick und Geduld. Die einfachste Methode ist die Entnahme einer geringen Blutmenge aus der Armvene mit anschließender Abtrennung der weißen von den roten Blutkörperchen. Die weißen Blutkörperchen werden bei Körpertemperatur in einer Nährflüssigkeit kultiviert, bis nach einer bestimmten Zeit, wenn die Zellteilun-

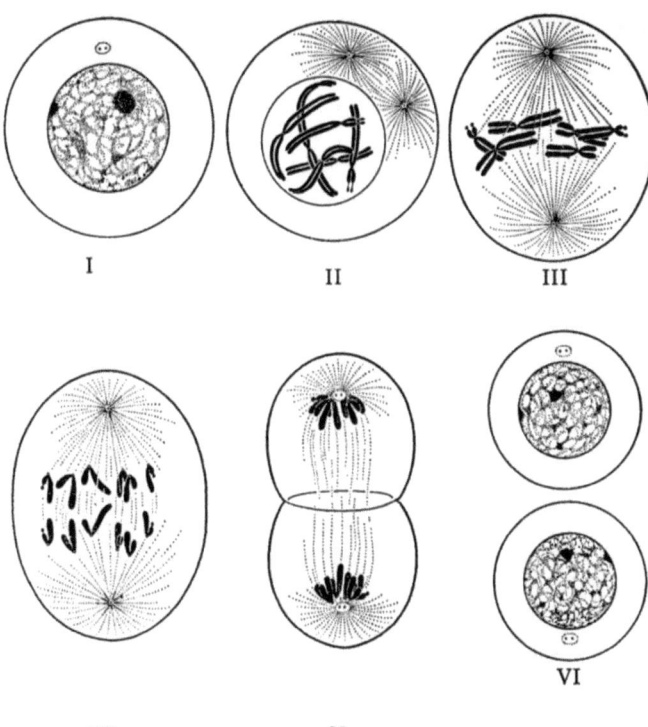

Abb. 4. Schema des Mitoseablaufes
I. *Interphase:* Während dieser Ruheperiode nehmen die Chromosomen in Gestalt feiner unsichtbarer Fäden den Kern ein. Die dunkle Masse nahe dem Zentrum stellt einen Nucleolus dar, der Fleck am Rande das Geschlechtschromatin der weiblichen Zellen. Die beiden Pünktchen im Plasma stellen die sogenannten Zentriolen dar.
II. *Prophase:* Die Chromosomen erscheinen in kontrahierter, aber noch lang ausgezogener Form. Die Zentriolen beginnen sich zu trennen und eine Spindel auszubilden. Diese Strukturen sind in getrockneten Zellen nicht sichtbar.
III. *Metaphase:* In dieser Phase sind die Chromosomen am leichtesten zu untersuchen. Sie liegen in einer horizontalen Ebene. Die Kernmembran ist verschwunden.
IV. *Anaphase:* Die Zentromeren an jedem Chromosom teilen sich und werden zu den Zellpolen hingezogen.
V. *Telophase:* Zwischen den beiden Polen bildet sich eine neue Zellwand.
VI. *Interphase:* Die Kernmembranen sind wieder gebildet worden, und die Tochterzellen beginnen das Ruhestadium.

gen erfahrungsgemäß am zahlreichsten sind, ein Tropfen der Nährlösung untersucht wird. Die Zellen werden nach Quellung, Trocknung und Färbung unter dem Lichtmikroskop untersucht.
Der Name Chromosomen, der „gefärbte Körper" bedeutet, rührt von ihrer durch den DNS-Gehalt bedingten Anfärbbarkeit mit bestimmten Farblösungen her; im natürlichen Zustand sind die Chromosomen

farblos. Mit einer Vergrößerung von 1 : 1000 lassen sich in teilenden Zellen die Chromosomen gut erkennen. In nicht teilenden Zellen sind die Chromosomen unsichtbar, weil sie dann aus sehr dünnen und ausgezogenen Fäden bestehen. Der Teilungszustand, in dem sie am besten erkennbar sind, heißt *Metaphase*.

Der übliche Vorgang der Zellteilung, Mitose genannt, kommt in wachsenden Körpergeweben vor. Er muß von der besonderen Art der Zellteilung bei der Keimzellenbildung im Hoden und im Eierstock unterschieden werden. Bei dieser Zellteilung, *Meiose* oder Reduktionsteilung genannt, wird die Zahl der Chromosomen halbiert. Die reifen Keimzellen, also die Spermien beim Mann und die Eizellen bei der Frau, werden *Gameten* genannt. Sie haben jeweils nur *einen* Chromosomenansatz in ihren Zellkernen, beim Menschen also 23 Chromosomen. In Abb. 5 ist der Zustand kurz vor der ersten meiotischen Teilung bei der Entwicklung eines Spermiums wiedergegeben. Zu diesem Zeitpunkt haben sich die 23 homologen Paare zusammengefunden. Die Geschlechtschromosomen des Mannes, X und Y, sieht man ebenfalls in einer End-zu-Endberührung. Bei den anderen 22 Paaren, die *Autosomen* heißen, liegen die beiden Einzelchromosomen parallel zueinander. Jedes Paar wird im weiteren Verlauf der Zellteilung getrennt, so daß die beiden Tochterzellen, die gebildet werden, jeweils 23 Chromosomen haben werden. Nach der Vereinigung von Spermium und Eizelle bei der Befruchtung entsteht eine neue Zelle, die *Zygote*, die sich nunmehr durch Mitosen laufend weiter teilt und aus der auf diese Weise alle Zellen des Körpers entstehen.

In der Zeit zwischen den Teilungen, *Interphase* genannt, wird die Zelle oft als *ruhend* bezeichnet, obwohl sie in Wirklichkeit sehr aktiv

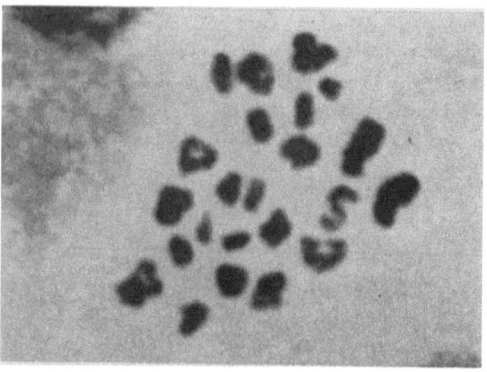

Abb. 5. Erste meiotische Teilung bei der Spermienreifung: 22 autosomale Paare mit verbundenen homologen Chromosomen und ein S-förmiges asymmetrisches Paar, der Komplex aus X- und Y-Chromosom (s. S. 65) (nach Ford und Hamerton, 1956)

ist. Eine der Aktivitäten besteht in der Verdopplung aller Chromosomen als Vorbereitung für die neue Teilung. Die Mechanismen bei der DNS-Verdopplung wurden von W. Szybalski und B. Djordjevič untersucht, die fanden, daß dieser Vorgang sehr ähnlich abläuft wie bei den Bakterien.

Die Struktur der Chromosomen, wie sie unter dem Lichtmikroskop sichtbar wird, hängt nicht nur von dem Aktivitätsgrad der Zellen ab, sondern auch von der Präparationsmethode. Durch stärkere lichtoptische Vergrößerung lassen sich ihre unscharf erscheinenden Konturen nicht weiter auflösen. Erst bei dem bedeutend besseren Auflösungsvermögen des Elektronenmikroskops und den dadurch ermöglichten sehr starken Vergrößerungen haben sie die Gestalt von Wollknäueln (Abb. 6). Mit speziellen Färbemethoden, bei denen das

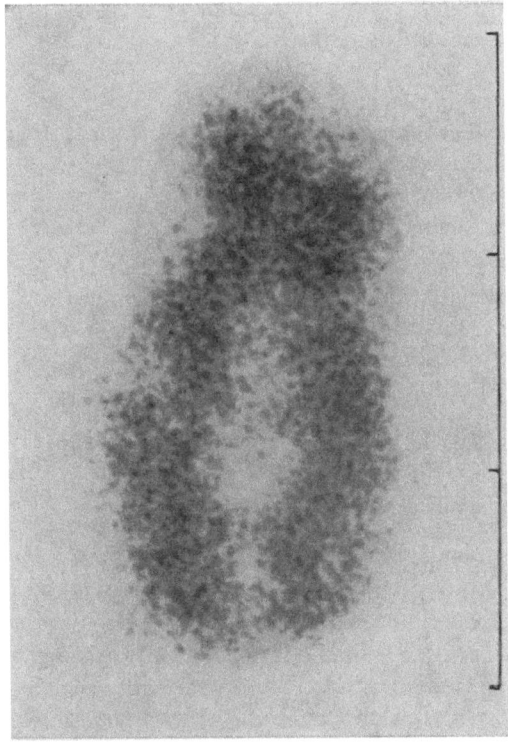

Abb. 6. Die erste elektronenmikroskopische Aufnahme eines kleinen Chromosoms, wahrscheinlich Nr. 21, ohne erkennbare Satelliten. Jeder Teilstrich auf der Markierung bedeutet ein Tausendstel eines Millimeters (1 µm). (Nach Barnicot und Huxley, 1961)

Gerüst-Eiweiß entfernt wird, lassen sich dunklere und hellere Banden ausmachen, die zur Identifikation der Chromosomen sehr nützlich sind (Abb. 7).

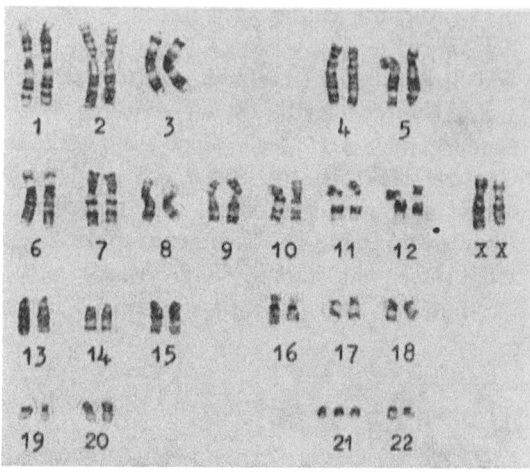

Abb. 7. Dunkle und helle Banden von Chromosomen einer Frau mit Mongolismus (s. S. 94). Die Zellen wurden einer Färbemethode unterzogen, bei der Trypsin zur Zerstörung der Eiweißstrukturen der Chromosomen verwandt wird (s. SEABRIGHT, 1971)

Das erste Merkmal bei der Identifizierung der einzelnen Chromosomen ist die Lage der Haupteinschnürung, des sog. *Zentromers,* an denen die sich teilenden Stränge vor der endgültigen Teilung noch wie zusammengeschnürt zusammenhängen. Fotografien in Mitose befindlicher Zellen, auf denen die Chromosomen gut getrennt sind, lassen sich durch Ausscheiden und paarweise Anordnung nach der Größe und der Lage des Zentromers analysieren. Im Jahre 1960 wurde in Denver, Colorado, eine internationale Nomenklatur für die 44 menschlichen Autosomen und die beiden Geschlechtschromosomen vereinbart. Diese lehnt sich stark an die Klassifikation von E. H. Y. CHU und N. H. GILES an. Eine Analyse der Chromosomen der Abb. 3 zeigt die Abb. 8, auf der sie nach der Größe geordnet sind. Wenn die Anordnung nach der Größe unsicher ist, wird das Verhältnis von langem und kurzem Arm zu Hilfe genommen. Nach der Übereinkunft wird das kleinste Autosom Nr. 21 genannt, nicht Nr. 22.

Schon bevor man die kleinen Chromosomen sicher unterscheiden konnte, ließen sich die größeren Paare gut identifizieren. Bereits 1936 beschrieben A. H. ANDRES und M. S. NAVASHIN die größten acht Paare und machten auf sogenannte Satelliten bei einigen kleineren aufmerksam. Heute weiß man, daß die Chromosomen 13, 14, 15, 21 und

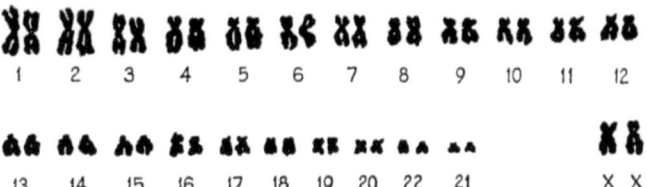

Abb. 8. Chromosomenanalyse der mitotischen Zelle von Abb. 3

22 Satelliten tragen, wenngleich in einer bestimmten Zelle meist nur einige der fünf Satellitenpaare zu erkennen sind. In den späteren Phasen der Mitose verringert sich der Abstand zwischen Chromosomen und Satellit so weit, daß der Satellit kaum noch auszumachen ist. Bei üblicher Präparation ist eine Unterscheidung zwischen den Chromosomen 13, 14 und 15 nicht immer möglich. Viele Untersucher glauben auch, daß das X-Chromosom nicht sicher vom Chromosom Nr. 6 unterschieden werden könne sowie die Nr. 7 von der Nr. 12. Mit speziellen Färbetechniken lassen sich jedoch alle Paare klassifizieren (Abb. 7). Eine weitere Eigenschaft der satellitentragenden Chromosomen, auf die D. G. HARNDEN aufmerksam gemacht hat, ist ihre Tendenz, während der Mitose mit ihren Satelliten dicht beieinanderzuliegen. Man glaubt, daß dieses Phänomen von der Assoziation des Satellitenhalses mit sogenannten *Nucleolen* herrührt, die vermutlich Speicher von RNS bei ruhenden Zellen darstellen. In bestimmten Zellphasen fließen die Nucleolen zusammen. Sie sind in der Metaphase nicht sichtbar, aber die Folge davon ist erkennbar, wie auf der Abb. 9 gezeigt wird.

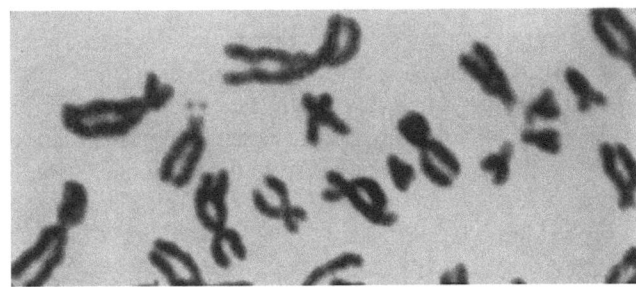

Abb. 9. Ausschnitt aus einer Fotografie von einer Metaphase einer weißen Blutzelle. Links sieht man deutlich die Satelliten an einem Chromosom Nr. 13. Rechts liegt eine Gruppe von vier satellitentragenden Chromosomen eng beieinander. (Fotografie von RUTH MARSHALL)

Bei Pflanzen sind Schwankungen in der Chromosomenzahl sehr verbreitet. Diese Schwankungen sind nicht eigentlich schädlich, hängen aber mit Veränderungen von Wachstum und Gestalt zusammen. Auch bei manchen Menschen wurde eine verminderte oder vermehrte Chromosomenzahl festgestellt. Einige von ihnen sind völlig gesund, aber die meisten sind in der einen oder anderen Hinsicht in ihrer Entwicklung gestört. Bei einem so komplizierten System wie dem menschlichen Organismus, können kleinste Fehler in frühen Entwicklungsphasen schwere Folgen haben. Das zusätzliche Vorhandensein von einem oder mehreren Chromosomen kann zur Intersexualität oder allgemeinen Störungen der körperlichen als auch der Gehirnentwicklung führen. Die Art der Störung hängt streng davon ab, welches der 23 Chromosomenpaare betroffen ist.

Zytoplasmatische Vererbung

Neben dem chemischen Baumaterial der Chromosomen des Zellkernes wird auch anderes Material von den Eltern auf die Kinder übertragen. Dieses stammt von dem den Zellkern umgebenden Zellbestandteilen, *Zytoplasma* genannt. Wenn wir uns den Zellkern als Verwaltungszentrum vorstellen, von dem aus die Lebensvorgänge gesteuert werden, kann das Zytoplasma als Ort der Nahrungsaufnahme und -verwertung für den ständigen Stoffwechsel der Zelle angesehen werden. Bisher gibt es beim Menschen und überhaupt bei höheren Organismen allerdings wenige genetische Beweise für eine Bedeutung der weitergegebenen zytoplasmatischen Zellbestandteile. Ein Merkmal, das auf einer zytoplasmatischen Besonderheit beruht, würde fast immer von der Mutter und nicht vom Vater übertragen werden, weil die Eizelle viel Zytoplasma enthält, das Spermium dagegen fast überhaupt keines. Beim Menschen gibt es einen erblichen Typ von Blindheit, der möglicherweise durch das Zytoplasma vererbt wird, aber diese Deutung ist stark mit Zweifeln behaftet. Möglicherweise gibt es weitere bisher unbekannte, derart vererbte Erscheinungen.

II. Wirkungen einzelner Gene

Die Funktion des Gens

Die Aufgabe der Chromosomen vom Standpunkt des dazugehörenden Organismus aus ist die eines Speichers von Informationen. Der Gebrauch, den das Tier von ihnen macht, kann am besten an Hand von analogen Vorgängen aus der Technik klargemacht werden. Angenommen, jemand benutzt ein Telefon, um einen Freund einzuladen. Er wählt eine Nummer, und die Folge davon wird sein, daß er sofort durch die entsprechende Leitung mit ihm verbunden wird. Nach einer Reihe von Ereignissen, die neben dem Telefon noch von vielen Dingen abhängen, wird der Freund zur geeigneten Zeit am verabredeten Ort erscheinen. Es ist außerdem zu erwähnen, daß dasselbe Endergebnis, wenn vielleicht auch umständlicher, auch auf andere Weise hätte erreicht werden können, z. B. durch einen Brief. Wenn wir uns die Wirkung eines bestimmten Gens, des kleinen einheitlich wirkenden Abschnittes eines Chromosoms, auf ein bestimmtes Merkmal ansehen, finden wir eine ähnliche Kette von Ursachen und Wirkungen. Das unmittelbare Ergebnis der Genwirkung, wie das Wählen der Telefonnummer, ist im hohen Grade spezifisch. Die Nummer nur einer Person, oder im Falle der Gene eine biochemische Reaktion, wird für den gemeinten Zweck gewählt. Wenn man sich aber die Wirkkette, die bei der ersten Ursache in Gang gesetzt wurde, ansieht, so stellt man fest, daß sie weniger und weniger spezifisch für den anfänglichen Befehl wird. Je größer die Zahl der Zwischenschritte, desto schwieriger wird die Zuordnung des Endergebnisses zur anfänglichen Ursache. Schließlich wird ein Punkt erreicht, wo viele alternative Anfangsursachen zu gleichen Ergebnissen geführt haben könnten. In der Genetik stellt man manchmal fest, daß ein Merkmal, das einem genbedingten ähnelt, auf Grund irgendeiner ungewöhnlichen Umweltursache auftritt. Einige Mißbildungen oder Besonderheiten der Entwicklung z. B., die beim Menschen auftreten, werden durch Erbfaktoren bedingt, andere, ganz ähnliche, scheinen nicht von Genen abzuhängen.

Ganz allgemein gilt, daß Eigenschaften, die genau definiert werden können, z. B. streng aufspaltende erbliche Merkmale, in der Kausalkette nahe von Genen liegen. Viele Forscher glauben heute, daß diese direkte Wirkung eines bestimmten Gens sich immer in der Herstellung eines spezifischen Eiweißes zeigt, das in gewisser Beziehung tatsächlich der Struktur des Gens gleicht.

Der beste Vergleich für die Gene ist vielleicht ein Satz geschriebener Anweisungen. Der ganze Chromosomensatz kann mit einem Rezeptbuch verglichen werden. Die Anweisungen befähigen die Zelle, bestimmte Substanzen herzustellen. In jedem Individuum sind die Rezepte paarweise vorhanden, denn, wie wir sahen, ein vollständiger Satz chromosomaler Anweisungen stammt vom Vater, ein Satz von der Mutter. Jedes Rezept entspricht einem Gen, und jedes entsprechende Paar von Rezepten kann entweder gleich sein oder verschieden. Eine Person, die ein gleiches Paar von Gen-Anweisungen trägt, heißt *homozygot* für diesen Locus, eine, die ein ungleiches Paar trägt, nennt man *heterozygot*. Gene oder Rezepte am selben Locus nennt man *allelomorph* oder in modernerer Terminologie *allel*.

Wenn die allelen Gene gleich sind, entsteht kein Konflikt, aber wenn sie voneinander abweichen, muß entschieden werden, welcher Anweisung gehorcht werden muß und welche übergangen werden soll. In der Regel wird eine Anweisung unterdrückt, und dann sagt man, daß das aktive Gen *dominant* ist, während das unterdrückte Gen *rezessiv* ist. Manchmal jedoch, vielleicht auch sehr oft, werden beide Anweisungen befolgt, und die Wirkung beider alleler Gene zeigt sich im dazugehörenden Merkmal. So ist z. B. die bekannte weibliche „Schildpattkatze" heterozygot, sie hat sowohl das Gen für Gelb als auch das für Schwarz, und beide sind in ihren Wirkungen zu sehen.

Die Blutgruppenantigene

Gute Beispiele für die Vererbung beim Menschen sind bestimmte Substanzen, die an den Oberflächen der roten Blutkörperchen haften und Blutgruppenantigene heißen. Diese sind sehr spezifische komplexe chemische Verbindungen. Die Art ihrer Vererbung ist, um ein früheres Beispiel zu wiederholen, wie ein Kartenspiel, das in bestimmten Sätzen angeordnet ist. Wie bei den Genen wird die Regel, daß eine Person nie mehr als zwei Karten eines Satzes haben darf, streng beachtet. Es gibt einige ganz extrem seltene Ausnahmen von dieser Regel bei

Zwillingen, wo ein Zwilling sich Zellen seines Partners einverleibt hat; sie brauchen uns hier nicht zu beschäftigen. Diese Antigene sind schon vor der Geburt vorhanden und bleiben unverändert durch das ganze Leben bestehen. Ihre hochgradig individuelle Natur zeigt wahrscheinlich an, daß zwischen den Genen und den Antigenen nur wenige Glieder in der Kausalkette bestehen, wie das auch bei den Hämoglobinen der Fall ist, die später besprochen werden.

Das bestbekannte und am frühesten beschriebene Blutgruppensystem ist das ABO-System. Die Antigene A und B wurden um 1900 von LANDSTEINER entdeckt, und es zeigte sich, daß sie bei bestimmten Personen als angeborene Eigenschaften vorhanden sind, obwohl die genaue Art der Vererbung erst sehr viel später erkannt wurde. Zuerst zeigte sich, daß bei einer Person mit Blutgruppensubstanz A mindestens einer seiner Eltern sie auch hat. Dasselbe gilt auch für die Substanz B. Man kann auch A und B zusammen haben oder keine von beiden Substanzen. Eine Person ohne A oder B gehört zur Gruppe 0.

Die Methode, die für die Bestimmung der Antigene an den roten Blutkörperchen verwandt wird, beruht auf Reaktionen, die mit Verklumpung oder Agglutination dieser Zellen im Labortest einhergehen. Die Verklumpung wird durch eine andere Art von Substanzen, Antikörper genannt, verursacht. Antikörper haften an den Zellen, die die zugehörigen Antigene besitzen, und lassen sie auf diese Weise zusammenkleben. Gewisse Antikörper sind gut bekannt als vom Körper gebildete Abwehrstoffe gegen Infektionen durch Bakterien und andere Organismen. Ebenso können nach einer Bluttransfusion Antikörper gegen das Blut des Spenders gebildet werden, da das Blut einer anderen Person, genau wie bei Bakterieninfektionen, Antigene enthält, die anders sind als die des Empfängerblutes. Gerade diese Antikörper gegen die Blutgruppensubstanzen A und B anderer Personen sind aus noch nicht bekannten Gründen schon natürlicherweise im flüssigen Teil des Blutes, dem Plasma, enthalten, wenn diese Personen die Antigene nicht besitzen. Das macht die Untersuchung auf A und B viel einfacher als auf alle anderen erblichen Antigene und führte zu ihrer frühen Entdeckung. Es ist wichtig hier zu erwähnen, daß nach einer biologischen Regel kein individueller Organismus Antikörper gegen die eigenen ererbten Antigene produziert. So sind z. B. die Zellen einer Person mit der Blutgruppe A nicht dem Antikörper gegen A ausgesetzt, wenn sie einer Person mit derselben Blutgruppe injiziert werden. Nach sorgfältiger Bestimmung der Blutgruppen kann deshalb eine Transfusion ohne Gefahr der Verklumpung der gespendeten Zellen ausgeführt werden.

Vererbungsmodus der ABO-Blutgruppen

Die genetische Analyse des ABO-Blutgruppensystems gelang zuerst F. BERNSTEIN im Jahre 1924. Die Antigene A und B werden nicht als solche von den Eltern auf die Kinder vererbt. Sie sind das Ergebnis der Vererbung von Genen, die A und B genannt werden können. Dieses sind die Erbsubstanzen, gleich Karten, auf denen in Geheimschrift die Anweisung steht, wie die entsprechenden Antigene gemacht werden sollen. Nach der Entdeckung des Antigens A fand man, daß es zwei getrennte Formen gibt, die A_1 und A_2 genannt werden. Wenn man also ganz extrem seltene Fälle unberücksichtigt läßt, gibt es vier mögliche Gene, und nach BERNSTEINs Theorie nehmen wir an, daß sie alle zum selben Locus gehören. Die Gene sind A_1, A_2, B und 0. Das Gen 0 ist mehr eine unbedruckte Karte, da das 0-Antigen, dessen Bildung es veranlaßt, anscheinend nicht direkt die Bildung eines Antikörpers stimuliert und nur durch die Abwesenheit von A- und B-Substanzen erkannt wird. Ein Individuum kann immer nur zwei der vier allelen Gene besitzen, mit anderen Worten, es kann nur zwei Karten aus dem Satz von vier in der Hand haben. Es gibt also zehn mögliche genetisch unterschiedene Individuen oder zehn mögliche *Genotypen*, wie der Fachausdruck lautet, aber nur sechs durch Labortests unterscheidbare Erscheinungsformen oder Phänotypen.

Die einzelnen Typen sind in Tabelle 1 aufgeführt.

Tabelle 1. Mögliche Typen von Individuen, wie sie aus den vier allelen Genen A_1, A_2, B und 0 gebildet werden können

Zahl	Genotyp	Phänotyp	
1	A_1A_1	A_1	
2	A_2A_2	A_2	homozygot
3	BB	B	
4	00	0	
5	A_1A_2	A_1	
6	A_1B	A_1B	
7	$A_1 0$	A_1	
8	A_2B	A_2B	heterozygot
9	$A_2 0$	A_2	
10	$B0$	B	

Nehmen wir als Beispiel zwei Eltern an, der Vater mit dem Genotyp $A_1 0$, die Mutter $A_2 B$. Jedes Kind muß vom Vater entweder das Gen A_1 oder 0 und von der Mutter A_2 oder B erhalten. Die Wahrscheinlichkeit, daß der Vater A_1 oder O vererbt, ist gleich groß, dasselbe gilt für die Mutter und A_2 oder B. Die Verhältnisse sind in Abb. 10 schematisch gezeigt. Es gibt vier mögliche Genotypen für die Kinder dieser Ehe. Sie sind alle zu unterscheiden und sie sind alle gleich wahrscheinlich, so daß in großen Familien für jeden Typ die Erwartung von ein Viertel besteht.

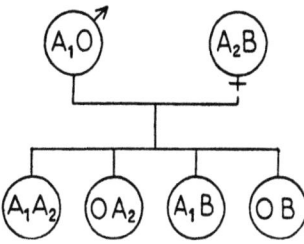

Abb. 10. Die Vererbung der allelen Gene im ABO-Blutgruppensystem. In dieser Familie sind die vier möglichen Typen von Kindern genetisch unterschieden und einzeln erkennbar, und ihr Auftreten ist gleich wahrscheinlich

Dieser Mechanismus ist die Grundlage für die bekannten Verhältniszahlen, die MENDEL zuerst bei der Auszählung großer Zahlen von Nachkommen seines sorgfältig gezüchteten Stammes von Gartenerbsen fand. In den Originalexperimenten und in den meisten gut bekannten Beispielen von Genwirkung war es nicht möglich, vier verschiedene Genotypen zu unterscheiden. Gewöhnlich können nur zwei Typen für einen bestimmten Locus gefunden werden, obgleich in Wirklichkeit viele nur wenig unterschiedliche Allele beteiligt sein können. Nehmen wir z. B. an, daß A_1 und A_2 nicht zu unterscheiden seien und daß es keinen Antikörper zur Erkennung von B gäbe. Die Familie der Abb. 10 würde dann ganz anders erscheinen. Wir müssen feststellen, daß beide Eltern das Merkmal A hätten, ebenso drei Kinder. Beim vierten Kind (OB) würde es fehlen, und in einer großen Familie würde tatsächlich ein Viertel der Kinder kein A haben, wodurch in solch einer Familie das Eins-zu-drei-Verhältnis entsteht, das viele Leute für so charakteristisch für die Mendelsche Genetik halten.

Gewebsantigene

Die Menschen unterscheiden sich nicht nur bezüglich des ABO-Systems. Daneben gibt es eine ganze Anzahl von Antigenen der roten Blutkörperchen, die jeweils einem anderen Locus zuzuordnen sind. Bei

einigen von ihnen sind mehrere Allele bekannt, bei anderen wieder ist nur ein Antigen entweder vorhanden oder nicht. Manche der Antigene werden nach ihren Erstbeschreibern benannt, wie Duffy, Kell oder Kidd. Aber nicht nur in den roten Blutkörperchen, sondern auch in den weißen Blutkörperchen und in anderen Geweben des Körpers gibt es Antigensysteme. Diese spielen bei der Überpflanzung von Organen eine große Rolle. Versuche von Transplantationen verschiedener Organe von einem Menschen auf einen anderen hat es schon in der Frühzeit der Medizin gegeben, aber erst in jüngster Zeit hat diese Frage durch die in großer Zahl durchgeführten Nierentransplantationen eine erhebliche praktische Bedeutung erlangt. Das größte Problem liegt nicht im chirurgischen Können, sondern in der Verträglichkeit der Organe für den Empfänger. Neben den AB0-Blutgruppen ist ein System von besonderer Bedeutung, das offenbar an der Oberfläche aller Zellen des Organismus vorkommt und als Histokompatibilitäts- oder kurz HL-A-System bezeichnet wird. Es wurde zuerst 1937 von P. A. GORER bei der Maus beschrieben, die wichtigsten Erkenntnisse stammen aber aus Forschungen der letzten vier bis fünf Jahre. Es konnte gezeigt werden, daß es zwei Genorte für diese Antigene gibt, jeweils mit einer Anzahl verschiedener alleler Gene. Bisher wurden dem einen Locus zwölf, dem anderen mindestens 24 verschiedene Antigen-determinierende Gene zugeordnet. Jeder Mensch hat also mindestens zwei, höchstens jedoch vier verschiedene Antigene aus dem HL-A-System, je nachdem ob er an einem oder beiden Loci homo- oder heterozygot ist. Dementsprechend gibt es eine große Vielzahl möglicher Phänotypen. Man hat errechnet, daß es mehr als 20 000 sein müssen. Auch die häufigsten der Phänotypen sind sehr selten, nicht über etwa 1%. Es ist daher verständlich, daß die Suche nach geeigneten Organspendern für bestimmte Empfänger nur sinnvoll ist, wenn der Kreis der Spender und Empfänger sehr groß ist. Aus dieser Erkenntnis heraus wurde in Europa mit der übernationalen Zusammenarbeit der großen Transplantationszentren begonnen, denen alle erforderlichen Daten der Spender und der potentiellen Empfänger sowie, falls möglich, auch deren Seren zugesandt werden. In diesen Zentren wird dann von Computern der jeweils am besten geeignete Spender ermittelt. Ein solches Zentrum für die westeuropäischen Länder wurde unter dem Namen Eurotransplant in Leiden/Holland eingerichtet und ein weiteres, vorwiegend für Skandinavien, in Århus/Dänemark.
HL-A-Antikörper entstehen durch die Einschleusung von Zellen mit „fremder" Antigenstruktur in den Organismus. Außer bei Transplantationen kommt dies in erster Linie bei Bluttransfusionen und bei

Schwangerschaften vor. Die heute gebräuchlichen Test-Antikörper werden deshalb vorwiegend von Frauen mit vielen durchgemachten Schwangerschaften gewonnen. Neben seiner Bedeutung für die Transplantationsmedizin hat das HL-A-System das besondere Interesse der Humangenetik gefunden. Es ist sonst kein Beispiel einer so ausgeprägten Vielfältigkeit „normaler" Gene bei zugleich überschaubarem formalgenetischen Modell bekannt. Das System wird deshalb vermutlich in Zukunft bei Kopplungsuntersuchungen, die der Genlokalisierung auf den Chromosomen dienen, eine große Rolle spielen. Eine weitere praktische Bedeutung ergibt sich für gerichtliche Vaterschaftsgutachten, und zwar für den genetischen Ausschluß zu Unrecht der Vaterschaft bezichtigter Männer.

Auch die Eiweißstoffe des Blutes weisen erhebliche Unterschiede auf, die mit besonderen Elektrophoresetechniken, z. B. der von O. SMITHIES entwickelten Stärkegel-Elektrophorese, erforscht werden können. Ein Allelenpaar ist für einen Haptoglobin genannten Eiweißstoff verantwortlich, der überschüssigen roten Blutfarbstoff beseitigt. Ein anderer Stoff, das Transferrin, wird beim Transport von Eisen benötigt. Hiervon gibt es mindestens 17 Varianten mit definierten Häufigkeiten in bestimmten Bevölkerungsgruppen, ähnlich wie beim ABO-System.

Dominante und rezessive Merkmale

Neben den einfachen Verhältniszahlen der Aufspaltung ist das Phänomen der Dominanz und Rezessivität die andere wichtige Erscheinung der Mendelschen Genetik. Im ABO-System zeigt sich das sehr einfach in der Dominanz von A und B gegen 0. Strenggenommen ist Dominanz eine Eigenschaft des Merkmals und nicht des Gens, aber aus Bequemlichkeit sprechen Genetiker häufig einfach von dominanten oder rezessiven Genen. Wichtig ist hierbei, daß der Genotyp nicht vollständig manifest wird, wenn die Wirkung des einen Allels die des anderen unterdrückt oder verdeckt. In Tabelle 1 (s. S. 28) sind die ersten vier Typen homozygot, und über das Erscheinungsbild des Individuums, in der Fachsprache „Phänotyp" genannt, gibt es keinen Zweifel. Bei Typ 5 werden zwei Antigene produziert, aber nur das eine, A_1, kann nachgewiesen werden, so daß man sagen kann, das Merkmal A_2 sei rezessiv gegen A_1. In ähnlicher Weise können wir bei den Typen 7, 9 und 10 die Anwesenheit von 0 nicht nachweisen, und deshalb kann man sie nicht von den Typen 1, 2 und 3 unterscheiden. Kurz gesagt, 0 ist rezessiv gegen alle drei anderen Merkmale, es verrät seine Anwesenheit nur, wenn es homozygot vorkommt.

Der Gedanke, daß man ein Gen besitzen kann, ohne daß seine Anwesenheit manifest wird, ist wichtig, weil jemand ein potentiell schädliches Gen tragen kann, ohne es zu zeigen. Dies kommt tatsächlich sehr häufig vor. Verschiedene Methoden, Träger rezessiver oder unvollständig rezessiver Merkmale zu erkennen, wurden bereits entwickelt. Einige Gene können unter manchen Bedingungen Krankheiten verursachen, unter anderen sind sie harmlos. Unter verschiedenen Umständen kann es für ein Individuum und für seine Nachkommen sehr wichtig sein, zu wissen, ob es Überträger eines krankhaften Gens ist. Die meisten erblichen und von einzelnen Genen bedingten Krankheiten, die zuerst untersucht wurden, waren jedoch dominant. Diese können viel leichter als Beispiele erblicher Übertragung erkannt werden als homozygote rezessive Formen.

Die dominanten Merkmale, die von den Blutgruppen A und B dargestellt werden, können nicht als abnorm betrachtet werden, ebensowenig wie der Besitz von Antigenen, die auf Gene an anderen Loci zurückgehen, wie der M-, N- und S-Komplex oder der *Rhesusfaktor*. Das heißt, es ist für die Person, außer in ganz seltenen Fällen, kein Schaden, ein bestimmtes Antigen zu haben oder es nicht zu haben. Variationen in den Antigenen sind in der Bevölkerung so verbreitet wie Unterschiede in der Augenfarbe oder der Größe. Es gibt andere ganz normale Besonderheiten, die manchmal schwerer zu entdecken sind, und ebenfalls von einzelnen Genen verursacht werden. Ein ausgezeichnetes Beispiel ist die Fähigkeit, Phenylthiocarbamid in sehr schwacher Konzentration zu schmecken oder andere Substanzen, die eine besondere Gruppe in ihrer chemischen Struktur haben,

$$>N-\underset{S}{\overset{\|}{C}}-.$$

Personen, die diese Substanz mit der Gruppe aus Stickstoff, Kohlenstoff und Schwefel geschmacklich wahrnehmen können, sind in England doppelt so häufig wie die „Nicht-Schmecker".

Die sogenannten „Schmecker" haben immer mindestens einen Elternteil, der auch Schmecker ist. Wichtig ist, vom Gesichtspunkt des Nachweises einer einzelnen Genwirkung aus, daß die Schmecker und Nicht-Schmecker in der großen Mehrzahl der Fälle leicht voneinander unterschieden werden können. Die Schmeckfähigkeit ist ein dominantes, ihr Fehlen ein rezessives Merkmal. Ein entscheidender Test für diese Ansicht wird durch die Tatsache geliefert, daß rezessive Merkmale sich rein vererben. So haben zwei nichtschmeckende Eltern ausschließlich Kinder derselben Kategorie.

Seltene dominante Merkmale: Ektrodaktylie

Die ersten als dominant erkannten Merkmale waren solche, die mit seltenen Mißbildungen einhergingen. Es ist einleuchtend, daß Eigenschaften, die in der Bevölkerung sehr häufig auftreten, nicht stark nachteilig sein können; seltene Merkmale können es dagegen sein. Dominante Merkmale werden hauptsächlich durch die wiederholte sichtbare Weitergabe, von Eltern auf Kinder, erkannt; es werden jedoch meist keine Kinder geboren, wenn das Merkmal den Kranken körperlich sehr schwer beeinträchtigt. Es gibt eine interessante Gruppe erblicher Anomalien, wie zusätzliche Finger oder Zehen, kurze Finger und andere leichte Knochendeformitäten, die auffallend genug sind, das Interesse der Untersucher zu erregen. Sie beeinträchtigen aber die allgemeine Gesundheit nicht, so daß sie wiederholt von einer Generation zur nächsten vererbt werden können. Nach den Mendelschen Regeln muß bei so vererbten seltenen Merkmalen durchschnittlich gerade die Hälfte der Kinder in jeder Sippe, in der sie vorkommen, befallen sein. In einer kleinen Familie wird dieses genaue Verhältnis selten gefunden werden, aber wenn mehrere Geschwisterschaften des gleichen Typs zusammengezählt werden, kann man ein genaueres Verhältnis erwarten.

Die Abb. 11 (s. S. 34) zeigt einen Stammbaum mit vielen Fällen einer äußerst ungewöhnlichen und manchmal ziemlich schweren Deformität der Hände und Füße (s. Abb. 12), im Volksmund Hummerschere genannt, in der Fachsprache zu der großen Gruppe von Defekten, die Ektrodaktylie heißen, gehörig. Die Familie wurde ursprünglich, schon vor 1908, von T. LEWIS und D. EMBLETON beschrieben, und Nachuntersuchungen nach etwa 40 Jahren zeigten, daß die Familie noch existierte und daß die Eigentümlichkeit weiter einem Mendelschen Erbgang folgte. Innerhalb der Familie zeigt sich eine ziemlich große Variation in der Ausprägung des Merkmals, obgleich es nie einen Zweifel darüber gibt, ob eine Person das besondere Gen trägt oder nicht. Es findet sich vollständige Aufspaltung. Einige Träger haben nur befallene Füße, bei anderen wieder ist nur ein deformierter Finger an jeder Hand übriggeblieben. Auch in Fällen verhältnismäßig schwerer Mißbildungen beider Hände und Füße ist die Behinderung ziemlich gering, und die allgemeine Gesundheit, körperlich und geistig, ist unbeeinträchtigt. In unserem Stammbaum gibt es insgesamt 19 Geschwisterschaften, die alle von einem befallenen Elternteil abstammen. Wenn man alle befallenen Geschwister zählt, kommt man auf eine Zahl von 56, die Zahl der nicht befallenen Geschwister ist 45. Dieses Ergebnis entspricht einem Eins-zu-eins-Verhältnis nicht vollkommen,

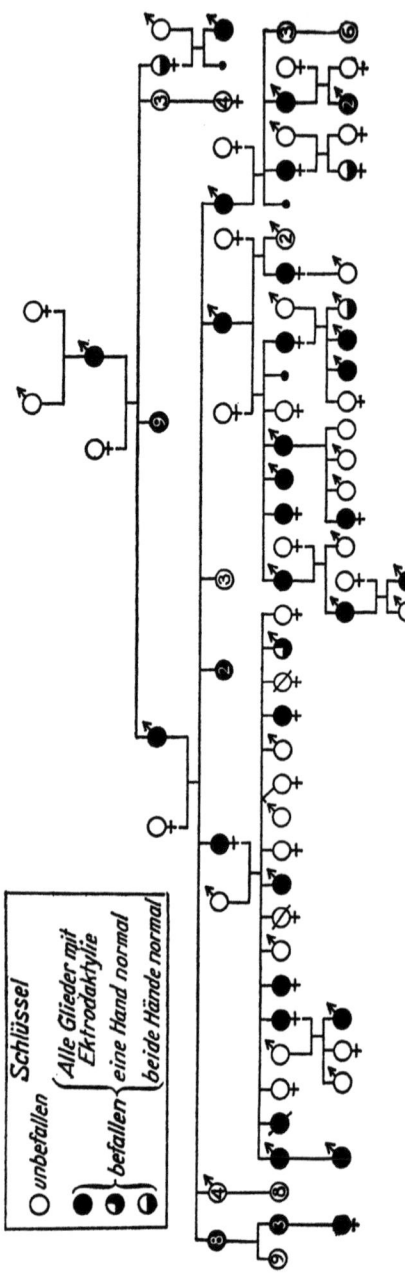

Abb. 11. Stammbaum mit Fällen von Ektrodaktylie der „Hummerscheren"-Form. Die Zahlen bedeuten die Anzahl von Geschwistern mit derselben Erscheinungsform (nach MacKenzie und Penrose, 1951)

ist aber nahe genug daran, um mit der Anschauung vereinbar zu sein, daß das Merkmal von einem einzelnen Gen in heterozygoter Form verursacht wird. Das Merkmal ist dominant über das des Normal-Allels, welches die notwendigen Instruktionen für die Bildung normaler Hände und Füße gibt. Es ist bemerkenswert, daß der erste

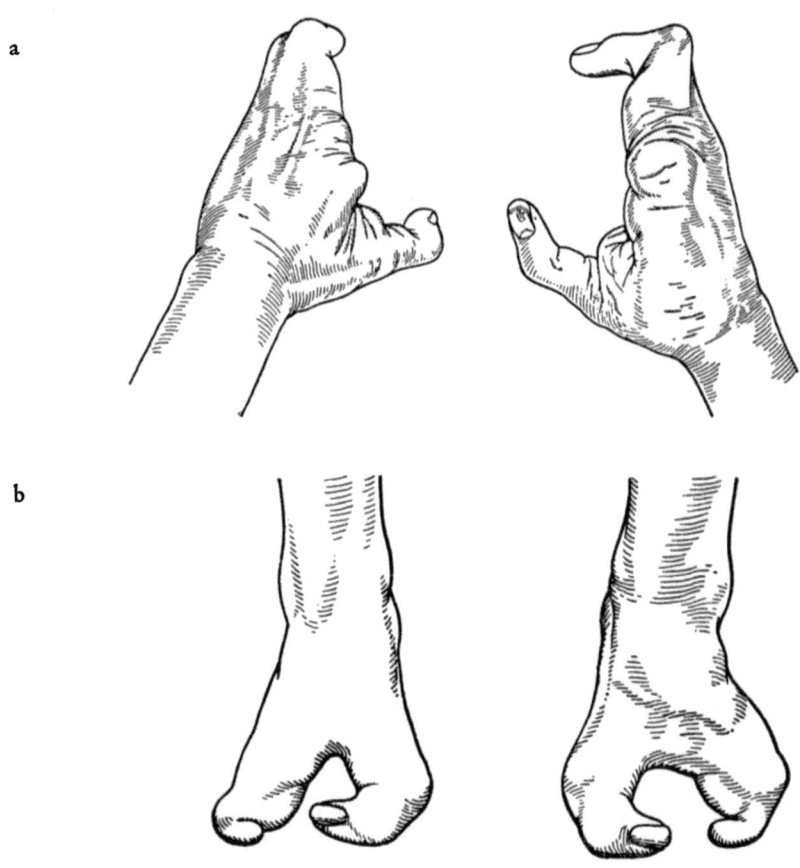

Abb. 12 a u. b. Hände und Füße mit dominanter Ektrodaktylie. Den Stammbaum dazu zeigt Abb. 11

befallene Mann dieses Stammbaums angibt, daß seine beiden Eltern nicht befallen waren und daß keiner seiner Ahnen so war wie er. Wir müssen deshalb annehmen, daß das Gen als neue Mutation einige Zeit vor der Konzeption dieses ersten Vaters in dieser Sippe aufgetreten ist, wahrscheinlich in der Keimzelle eines seiner Eltern.

Man darf nicht annehmen, daß ein Stammbaum wie dieser mit Ektrodaktylie leicht zu finden ist. Solche Familien sind sehr selten. Ganz ähnliche Deformitäten der Hände und Füße können ohne sichtbare familiäre Belastung auftreten, und in der Tat sind die meisten solcher Anomalien nicht, wie diese hier, Wirkungen einzelner Gene. Es ist wirklich ziemlich schwierig, Beispiele seltener Merkmale oder Krankheiten zu finden, die alle notwendigen Bedingungen für die Erkennung einer dominanten Vererbung erfüllen. Der Hauptgrund ist, daß es in den meisten Fällen große Unterschiede zwischen den befallenen Personen gibt, sogar bis zu dem Grade, daß eine Generation übersprungen werden kann, weil eine Person, die das Gen trägt, keine abnormen Symptome zeigt.

Seltene rezessive Merkmale: Alkaptonurie

Für das Verständnis des rezessiven Erbganges beim Menschen sind schwierigere Überlegungen erforderlich als für die dominante Vererbung. Ein vollständig rezessives Merkmal zeigt sich nur im homozygoten Zustand, also bei Personen, bei denen beide Allele desselben Locus betroffen sind, die also ein identisches Kartenpaar desselben Satzes haben. Wenn ein rezessives Merkmal sehr selten ist, ist diese Tatsache mit einem Phänomen verbunden, das für die Humangenetik sehr charakteristisch und von ganz besonderer Bedeutung ist, und das weiter unten erläutert werden soll.
Die Theorie wurde zuerst von A. BATESON erläutert, nachdem er sich mit der medizinischen Arbeit und den Stammbaumuntersuchungen von E. A. GARROD (s. Abb.: Begründer der Humangenetik) über angeborene biochemische Abweichungen befaßt hatte, insbesondere mit der seltenen Krankheit Alkaptonurie. Bei Personen mit diesem Merkmal wird eine besondere Substanz, Homogentisinsäure, auch Alkapton genannt, ständig im Harn ausgeschieden. Dadurch bekommt er eine dunkelbraune Farbe, die nach Einwirkung von Licht schließlich schwarz wird. Sie tritt gewöhnlich bei ein oder zwei Geschwistern auf, obgleich die Eltern und die Nachkommen frei davon sind. Dies ist auch bei der von W. EBSTEIN beschriebenen Familie (s. Abb. 13 a, S. 37) zu sehen. In älterer Terminologie sprach man deshalb von familiärem, nicht erblichem, Auftreten.

Blutsverwandtschaft der Eltern

Es gibt noch einen anderen entscheidenden Punkt bei den rezessiven Merkmalen des Menschen. Ich zitiere nun aus der gemeinsamen Arbeit von BATESON und EDITH R. SAUNDERS (1902): „GARROD hat festgestellt, daß nicht weniger als fünf Familien mit Alkaptonurie-Trägern, mehr als ein Viertel der beobachteten Fälle, Nachkommen einer Ehe von Vettern und Cousinen ersten Grades sind." Ein Beispiel hierfür gibt der Stambaum von C. F. CUTHBERT (Abb. 13 b). „Nun", fährt BATESON fort, „es können andere Ursachen möglich sein, aber wir stellen fest, daß die Heirat von Vettern und Cousinen ersten Grades genau die Bedingung ist, die ein seltenes und ungewöhnliches rezessives Merkmal am wahrscheinlichsten sichtbar werden läßt."

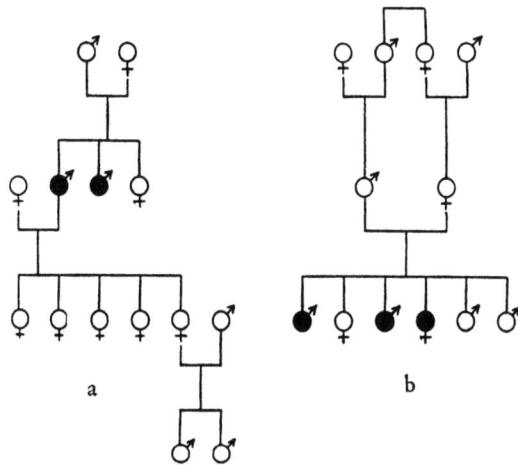

Abb. 13 a und b. Zwei Stammbäume mit Alkaptonurie (a) nach EBSTEIN und MÜLLER; (b) nach CUTHBERT, 1923

Wenn ein Träger eines Gens für ein rezessives Merkmal eine Person heiratet, die dieses nicht besitzt, dann wird das Merkmal nicht auftreten. Dies ist sogar der Regelfall. Vettern und Cousinen jedoch haben häufig dieselben Gene, weil sie sie von einem gemeinsamen Vorfahren bekommen haben. Unter den Nachkommen einer Vetternehe können deshalb einige sein, die eine doppelte Dosis des seltenen Gens bekommen, und das wird sich dann durch die Ausprägung des rezessiven Merkmales auswirken. Abb. 14 (s. S. 38) zeigt den geschilderten Weg der Weitergabe des Gens. Die Bedeutung dieser Entdeckung der Humangenetik war sofort ersichtlich, weil neben Alkaptonurie vorher schon andere Merkmale bekannt waren, die ein ähnliches genetisches Muster zeigen. Z. B. hatte BOUDIN bei Fällen von Taubstummheit Inzucht der Eltern festgestellt. Die Übertragung der nun weit verbreiteten Vorstellung, daß Inzucht Homozygote hervorbringt, auf den Menschen ist besonders aufschlußreich, deshalb, weil nahe Inzucht relativ selten ist. Daher macht schon die Tatsache, daß eine Anomalität bei Kindern blutsverwandter Eltern vorkommt, eine rezessive Vererbung sehr wahrscheinlich. Im Lichte dieser Erkenntnis zeigten BOUDINs Beobachtungen sofort, daß einige Typen von Taubstummheit rezessiv erblich sind. Es gibt eine quantitative Grenze für den Wert dieses Tests: Wenn ein Merkmal in der Bevölkerung weit verbreitet ist, hat Inzucht nur noch wenig Einfluß auf sein Vorkommen. Inzucht kann deshalb nur bei seltenen Merkmalen als ein Hin-

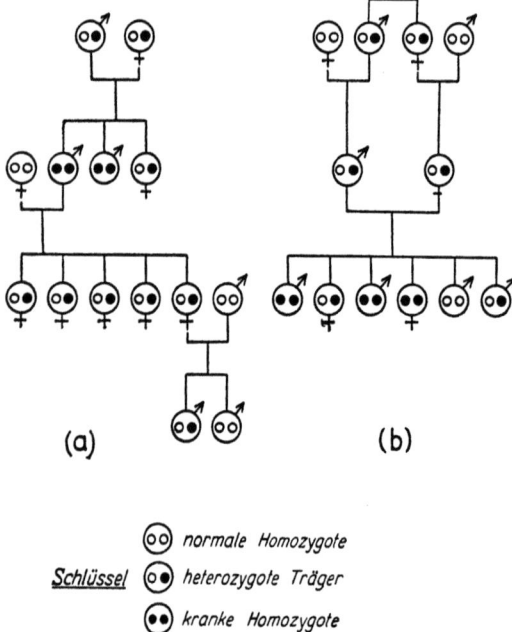

Abb. 14 a u. b. Genetische Deutung der Stammbäume von Abb. 13. Beachte, daß die doppelte Dosis des seltenen Genes in Stammbaum (b) durch die Vetternehe ersten Grades ermöglicht wurde

weis auf rezessive Erblichkeit verwandt werden; je seltener sie sind, desto bedeutungsvoller ist die Feststellung elterlicher Blutsverwandtschaft für die Aufdeckung ihrer Ursache.

Statistische Besonderheiten des Eins-zu-Drei-Verhältnisses

Die meisten Menschen haben gehört, daß wahrscheinlich ein Viertel der Kinder befallen ist, wenn in einer Familie ein rezessives Merkmal auftritt. Das bedeutet jedoch nicht, daß es genau drei normale für ein befallenes Kind geben muß. Eine solche Vorstellung wäre absurd, da die Familien in ihrer Größe variieren. Wie bei allen genetischen Verhältniszahlen bedeutet eins zu drei ein statistische Wahrscheinlichkeit, und in der Humangenetik gibt es Umstände, die das Erkennen dieses Verhältnisses besonders schwierig machen. Die Hauptschwierigkeit liegt in der Kleinheit der Familien. Die Folge davon ist, daß die familiäre Belastung höher als ein Viertel erscheint. In der Tat, wenn wir uns nur Familien mit Einzelkindern vorstellen, würde ein krankes Kind in der Geschwisterschaft 100% Befall bedeuten. Wir müßten die Familien unberücksichtigt lassen, deren Eltern potentiell befallene Kinder bekommen können, die aber zum Zeitpunkt der Beobachtung nur ein gesundes Kind haben. Wenn es überall etwa zwölf Geschwister gäbe, würde sich das theoretische Ein-Viertel-Verhältnis befallener zu normalen Kindern annähernd realisieren. Im Durchschnitt wären drei befallen und neun normal. So aber erwies sich die wegen der Kleinheit der Familien erforderliche Korrektur bei der Bestimmung solcher Verhältniszahlen als ein dankbares Betätigungsfeld für mathematische Statistiker.

Unvollständig rezessive Merkmale

In den frühen Tagen der Humangenetik wurde allgemein angenommen, daß ein Merkmal immer entweder dominant oder rezessiv sei und sonst nichts. Jetzt wird es aber zunehmend deutlich, daß diese Unterscheidung nicht absolut ist. Manche Genetiker nehmen sogar an, daß wahrscheinlich alle Merkmale irgendwo zwischen diesen beiden Extremen liegen. Ich habe schon bei der Diskussion der Blutgruppen betont, daß zum Nachweis der Anwesenheit eines Gens ganz spezielles technisches Können erforderlich sein kann. Noch genauere Methoden werden laufend entwickelt, und das Ergebnis ist, daß viele Träger rezessiver Merkmale jetzt entdeckt werden können. Dadurch entsteht ein „neues" dominantes Merkmal bei dem heterozygoten Träger. Es wäre in der Tat besser, in der Zukunft ohne die Begriffe dominant und rezessiv auszukommen und einfach anzugeben, ob das Gen, das mit dem gerade untersuchten Merkmal verbunden ist, bei einem bestimmten Individuum in homozygoter oder heterozygoter Form vorhanden ist.
Einige wenige Beispiele werden dies verdeutlichen. Das klassische Beispiel bietet eine Familie aus Norwegen, in der Personen mit einem kleinen dominanten Defekt der Finger vorkommen, wobei einige Fin-

ger kürzer als normal sind. O. L. MOHR und C. W. WRIEDT beschrieben 1919 die Ehe eines Vetters mit seiner Cousine, die beide diese Anomalie zeigten. Ein Kind aus dieser Ehe hatte schwere Defekte der Knochenbildung, die den ganzen Körper betrafen, so daß es in früher Kindheit starb. Man nahm an, daß dieses Kind homozygot war für das von den Eltern übertragene Gen. Eine etwas ähnliche Situation tauchte in einer schwedischen Familie auf, die in Abb. 15 dargestellt ist. Hier war ein Kind von ganz kurzem Wuchs, so daß man es als zwergwüchsig (chondrodystrophisch) bezeichnen würde, mit Deformitäten der Glieder und Finger und gestörtem Knorpelwachstum. Seine beiden Geschwister und die Eltern waren gesund, genaue Untersuchungen zeigten jedoch, daß sie unterdurchschnittlich groß waren und daß sie ziemlich kurze Finger hatten (Chondrohypoplasie). Es wurde dann nachgewiesen, daß dieses Abweichen von der Durch-

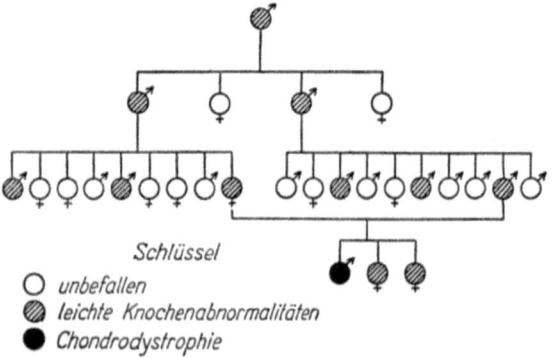

Abb. 15. Stammbaum eines chondrodystrophischen Zwerges, dessen Verwandten leichte Abnormitäten der Knochenentwicklung zeigen (nach BÖÖK, 1950)

schnittsgröße als dominantes Merkmal durch mehrere Generationen vererbt worden war. Wahrscheinlich war der Zwerg hier die homozygote Manifestation desselben Gens, das bei mehreren anderen Familienmitgliedern heterozygot aufgetreten war.

Anomalien des roten Blutfarbstoffes

Ein noch besser analysiertes Beispiel bietet das bemerkenswerte „Sichelzell"-Merkmal, das bei den Eingeborenen Afrikas und ihren Nachkommen ziemlich häufig vorkommt. Es ist ein heterozygotes Merkmal und wird dominant vererbt. Man kann es daran erkennen, daß die roten Blutkörperchen, wenn man einige Tropfen Blut von befallenen Personen unter geeigneten Bedingungen bei Luftabschluß mit dem Mikroskop betrachtet, nicht wie normalerweise rund, sondern eigenartig verzerrt erscheinen. Manche sehen halbmond- oder sichelförmig aus. Gelegentlich leiden diese Personen unter Anämie. Familienuntersuchungen von E. A. BEET in Kenia und von J. V. NEEL in den Vereinigten Staaten haben gezeigt, daß die doppelte Dosis dieses Gens, wie sie bei homozygoten Individuen vorkommt, eine sehr schwere Anämie verursacht, die gewöhnlich in früher Kindheit zum Tode führt. Viele Jahre lang hatte man geglaubt, es handele sich um zwei verschiedene Anomalien, aber jetzt ist allgemein anerkannt, daß beide von demselben Gen verursacht werden. Durch die Arbeit von L. PAULING und seinen Kollegen über die Chemie des Blutes in diesen Fällen wissen wir heute, daß dieses Gen auf die Bildung des Hämoglobins einwirkt, jenes eisenhaltigen roten Farbstoffes, der für den Sauerstofftransport im Kreislauf notwendig ist. Normalerweise gibt es ein Allel, das gewöhnliches Hämoglobin produziert, aber das Sichelzellen-Gen gibt die Anweisungen für die Produktion einer anderen Art, die der normalen in den meisten Beziehungen ganz ähnlich ist, die aber bei geringer Sauerstoffkonzentration des Blutes nicht ausreichend löslich ist. Diese verminderte Löslichkeit verursacht das Sichelzellen-Phänomen. Bei Heterozygoten werden von beiden an diesem Locus befindlichen Genen, dem normalen und dem Sichelzellen-Gen, Anweisungen erteilt, mit dem Ergebnis, daß beide Arten von Hämoglobin in ihrem Blut gefunden werden, allerdings fast doppelt soviel normales wie abnormes. Bei erwachsenen Homozygoten gibt es nur eins, normales oder abnormes, weil die Anweisungen beider Gene gleich sind. Man hat seitdem festgestellt, daß es eine ganze Reihe von abnormen Hämoglobinen gibt, von denen einige in bestimmten Gegenden der Erde vorherrschen, andere woanders, und es scheint, daß an dem betreffenden Locus mehr als zwei Allele vorkommen.

Forschungen von V. M. INGRAM über die genaue chemische Struktur haben in besonderer Weise Licht auf die Genwirkungen geworfen. INGRAM hat festgestellt, daß an der Stelle, wo das normale Gen Glutaminsäure in die Hämoglobin-Molekülkette einbauen ließ, das Sichelzellen-Gen den Einbau einer anderen Aminosäure, Valin, befahl. Es gibt ungefähr 300 verschiedene Punkte, von denen vielleicht jeder in dieser Art verändert werden könnte. Daß dieses Gen gerade einen von ihnen heraussucht, hat einen neuen Einblick in die Tatsache verschafft, daß die Anweisungen, die die Gene enthalten, in Befehle zur Herstellung chemischer Stoffe übersetzt werden können.

Das Beispiel Phenylketonurie

Schließlich wollen wir den typischen Fall eines Gens besprechen, das in homozygoter Manifestation erkannt wird und eindeutig als rezessiv bezeichnet werden kann. Dieses Gen verursacht, wie mehrere andere jetzt bekannte, einen angeborenen Irrtum der Körperchemie, der mit starker geistiger Unterentwicklung, gewöhnlich Schwachsinn, einhergeht. Die Krankheit, die es in homozygotem Zustand verursacht, heißt Phenylkentonurie, wiel die Anwesenheit großer Mengen von Phenylbrenztraubensäure, einem Phenylketon, im Urin sehr auffallend ist. Diese und andere ungewöhnliche Substanzen finden sich im Urin, weil das Ausgangsmaterial Phenylalanin, ein normaler Bestandteil der Nahrung, von den befallenen Personen nicht regelrecht abgebaut werden kann und vom Körper irgendwie beseitigt werden muß. Als A. Fölling diese Krankheit zuerst entdeckte, brach eine kleine Revolution in den Vorstellungen über die Ursache geistiger Unterentwicklung aus. Vorher waren die Ärzte mit der Feststellung zufrieden, daß der primäre Defekt bei einer geistigen Störung in der unvollständigen Entwicklung des Gehirns liegen müsse, und daraus wurde gefolgert, daß auch mit dem Gehirn der Eltern irgend etwas nicht in Ordnung gewesen sein müsse. Der wirkliche Mangel liegt hier aber in der Unfähigkeit, eine entscheidende chemische Verbindung zu synthetisieren, ein Enzym, wie man sagt, das für den richtigen Abbau und die Verwertung des Nahrungsbestandteiles Phenylalanin notwendig ist. Die beiden Allele, die „wissen", wie das Enzym gebildet wird, fehlen beim Phenylbrenztraubensäureschwachsinn und sind durch ein Genpaar ersetzt, das eben „unkundig" ist. Bei den Überträgern bzw. Heterozygoten ist nur ein Allel fähig, die Arbeit zu erledigen, aber das genügt für den praktischen Zweck.

Die Phenylketonurie ist intensiv untersucht worden, und sie bietet ein weiteres bemerkenswertes Beispiel dafür, wie Gene wirken. Die erste Wirkung des Gens, das sie verursacht, ist die Unfähigkeit, ein notwendiges Enzym herzustellen. Daneben gibt es andere Wirkungen, wie Veränderungen in der Zusammensetzung der Körperflüssigkeiten, die dicht auf den primären Mangel folgen. Die geistige Unterentwicklung wird als Vergiftung des Nervensystems mit den abnormen chemischen Substanzen verstanden, die sich unvermeidbar im Gewebe ansammeln. Tatsächlich ist über eine erhebliche Besserung der geistigen Leistung berichtet worden, nachdem die chemische Abnormität durch sorgfältig geplante Diät korrigiert wurde. Schließlich ist eine Besonderheit der Pigmentierung zu beobachten, indem Phenylketonurie-Personen heller in Haar- und Hautfarbe sind als andere Familienmitglieder. Diese Farbveränderung variiert stärker als die anderen charakteristischen Besonderheiten, sie zeigt sich aber deutlich, wenn in der Bevölkerung dunkles Haar die Regel ist (s. Abb. 16). Das

Abb. 16. 10jähriges japanisches Mädchen mit Phenylketonurie, zusammen mit einem 11jährigen normalen japanischen Mädchen (nach SHIZUME und NARUSE, 1958). Die Haar-, Augen- und Hautfarbe des kranken Kindes sind aufgehellt

Gen für Phenylketonurie hat nur eine entfernte chemische Wirkung auf die Körperpigmente, da viele Zwischenglieder in der Kette vorhanden sind. Gene an anderen Loci, die mit diesem absolut nicht verwandt sind, können viel bedeutungsvoller bei der Festlegung der Haar- und Hautfarbe sein.

Man glaubte bis vor kurzem, daß dieses Merkmal vollständig rezessiv sei. Eltern von Phenylketonuretikern sind gewöhnlich ganz normal, obgleich ein Viertel der Geschwister der Patienten befallen ist. Mit Hilfe komplizierter chemischer Untersuchungstechniken gelingt es aber doch, ein leichtes Abweichen in der Zusammensetzung der Körperflüssigkeiten vom Durchschnitt nachzuweisen. Das heißt, die Anwesenheit des Phenylketonurie-Gens ist bei den normalen Verwandten, die es tragen, gerade eben feststellbar, und in ihnen bildet es ein dominantes Merkmal. Die Entwicklung derartiger Tests für Genträger wurde zu einem bedeutenden Arbeitsgebiet in der Humangenetik. Sie wird sich wahrscheinlich in der Zukunft als sehr wertvoll erweisen für das Verständnis, wie Gene eigentlich wirken. Besonders wichtig sind sie für die Vorbeugung und Heilung erblicher Mängel.

Einige normalerweise harmlose Varianten von Bluteiweißstoffen können im homozygoten Zustand schädlich sein. Ein Beispiel hierfür ist eine Variante des Coeruloplasmins, das für den Transport der geringen Spuren von Kupfer im Organismus und für die Entfernung überschüssiger Mengen verantwortlich ist. S. A. K. WILSON beschrieb 1912 eine Krankheit mit Leberverhärtung und Schädigung bestimmter Teile des Gehirns, von der heute bekannt ist, daß sie auf einer Funktionsstörung des Coeruloplasmins beruht. Die betroffenen Gewebe werden durch Kupferablagerungen vergiftet, und mit Stoffen, die Schwermetalle entfernen können, lassen sich bei einigen dieser Patienten erstaunliche Besserungen erzielen. Der genetische Mechanismus, der von A. G. BEARN beschrieben wurde, ist ähnlich dem bei der Phenylketonurie, die Wilsonsche Krankheit allerdings ist sehr viel seltener.

Die Manifestation von Genen

Die besondere Ausprägung eines Merkmals, das durch irgendein Gen bestimmt oder beeinflußt wird, hängt von einer Vielzahl äußerer Faktoren ab. So gibt es einen kontinuierlichen Übergang zwischen absolut rezessiven Merkmalen, die nur bei Homozygoten beobachtet werden, und dominanten Merkmalen, die ein Gen in heterozygoter Form anzeigen. Die *Manifestation* eines Gens, wie man sagt, wird durch das Allel und durch Gene an anderen Loci beeinflußt, ja darüber hinaus von allen anderen Genen des Individuums, das heißt von seiner übrigen genetischen Konstitution. In der Humangenetik ist die Zeit sehr wichtig, zu der ein Gen wirkt. Man kann sie feststellen, wenn man das Alter bei dem ersten Auftreten von Merkmalen oder Krankheiten untersucht. Einige Gene manifestieren sich früh in der Entwicklung, wie das Gen für Ektrodaktylie, während andere ihre Wirkung erst spät im Erwachsenenalter zeigen, wie das Gen für die Huntingtonsche Chorea. Die Wirkung der Gene wird außerdem durch das Geschlecht des Individuums beeinflußt, wie im übernächsten Kapitel besprochen wird. Die Manifestation hängt auch noch von der Umwelt ab, was zu beträchtlichen Unterschieden sogar innerhalb derselben Familie führen kann.
Erbliche Merkmale, die bei ihren Trägern ziemlich gleichmäßig ausgeprägt sind, eignen sich am besten für die genetische Forschung. Man versucht also, Fälle zu finden, bei denen relativ wenige Schritte zwischen den Anweisungen des Gens und dem beobachteten Merkmal liegen. Praktisch werden diese Voraussetzungen von solchen biochemi-

schen Unterschieden erfüllt, die das ganze Leben unverändert bleiben, wie Antigenspezifitäten und Enzymdefekten. Sie sind meistens sogar bei Mitgliedern verschiedener Familien gleich. Ganz allgemein sind rezessive Merkmale weniger variabel als dominante, wahrscheinlich, weil bei ihnen beide Gene dieselbe Anweisung geben, so daß es kein Durcheinander gibt. Die Variabilität dominanter Merkmale, bei denen zwischen den Anweisungen der beiden allelen Gene die Wahl zu treffen ist, ist manchmal groß. So kann eine Generation übersprungen werden, und man könnte fälschlich an eine Neumutation denken, wenn die Vorfahren nicht genau bekannt sind.

Eine andere falsche Vorstellung, die durch die Variation dominanter Gene entstanden ist, ist die, daß einige Erbmerkmale in aufeinanderfolgenden Generationen verstärkt würden. Diese Auffassung, Antizipation genannt, war ursprünglich fast allgemein verbreitet. Heute ist man dagegen der Auffassung, daß sie falsch ist. Der Anschein von Antizipation entsteht, weil frühes Auftreten eines Merkmals beim Kinde, zusammen mit spätem Auftreten bei einem Elternteil, leicht gleichzeitig beobachtet wird. Der umgekehrte Fall, frühes Auftreten bei den Eltern, spätes bei den Kindern, betrifft zwei zeitlich weit auseinanderliegende Ereignisse und wird deshalb nicht so leicht bekannt. Außerdem würde ein schwer befallenes Kind, wenn das betreffende Merkmal sehr nachteilig ist, wahrscheinlich keine Nachkommen haben. Der Antizipationseffekt ist also sicher nur ein statistisches Kunstprodukt.

III. Gene und Populationen

Das Prinzip der zufälligen Paarung und die Gen-Häufigkeiten

Als man anfing, die Gen-Theorie auf den Menschen anzuwenden, störte es einige Leute, daß die dominanten Merkmale offenbar nicht in der Bevölkerung zunahmen und die rezessiven verschluckten. Schließlich war das Verhältnis zugunsten der Dominanten in vielen Geschwisterschaften wie drei zu eins. Dieses Problem wurde 1908 dem Mathematiker G. H. HARDY vorgelegt. Er löste es sofort, indem er zeigte, daß die genetische Struktur der Bevölkerung, wenn sie von äußeren Einflüssen nicht gestört wird, in jeder folgenden Generation gleich bleibt, vorausgesetzt, daß zufällige Paarung erfolgt. Die Statistiker nennen dies „random mating". Es bedeutet, daß die betreffenden Gene eines Individuums die Wahl seines Partners nicht beeinflussen. Da die Menschen im allgemeinen nichts über die Gene wissen, die sie oder ihre zukünftigen Partner besitzen, ist die Übereinstimmung zwischen Theorie und Praxis tatsächlich recht gut. Daher ändern sich die relativen Häufigkeiten der dominanten und rezessiven Merkmale in der Bevölkerung nicht. Eine ähnliche Lösung wurde unabhängig etwa zur gleichen Zeit von W. WEINBERG (s. Abb.: Begründer der Humangenetik) erarbeitet.

Das grundlegende Prinzip dieser Beweisführung war eine neue Idee: die Häufigkeit eines Gens in der Bevölkerung. Dies ist eine quantitative Größe, die durch Zählen der verschiedenen genetischen Typen einer Bevölkerungsgruppe errechnet wird, indem man jeder Person jeweils zwei Gene an einem Locus zuordnet. Im Fall der Blutgruppen können sehr exakte Werte ermittelt werden. So war es die Anwendung des Genhäufigkeits-Prinzips auf Blutgruppenwerte, die BERNSTEIN die Natur des AB0-Allelensystems richtig deuten ließ. Der Wert dieser Idee kann daran ermessen werden, daß man z. B. aus einer bestimmten Homozygotenhäufigkeit durch Anwendung einer einfachen Formel errechnen kann, wieviele entsprechende Heterozygote es in der Bevölkerung gibt. Wenn die Zahl der Homozygoten, AA und aa, mit p^2 und q^2 bezeichnet wird, gibt es $2pq$ Heterozygote, Aa. „Nicht-schmecker" (s. S. 32) könnten z. B. mit einer Häufigkeit von 36% in einer Bevölkerung vorkommen. Dann kann sofort errechnet werden, daß die Zahl der heterozygoten „Schmecker" 48%, die der homozygoten 16% betragen würde. Das heißt, für zwei Allele gibt es immer ein bestimmtes Verhältnis zwischen den drei Genotypen, das durch die allgemeine Genhäufigkeit festgelegt wird.

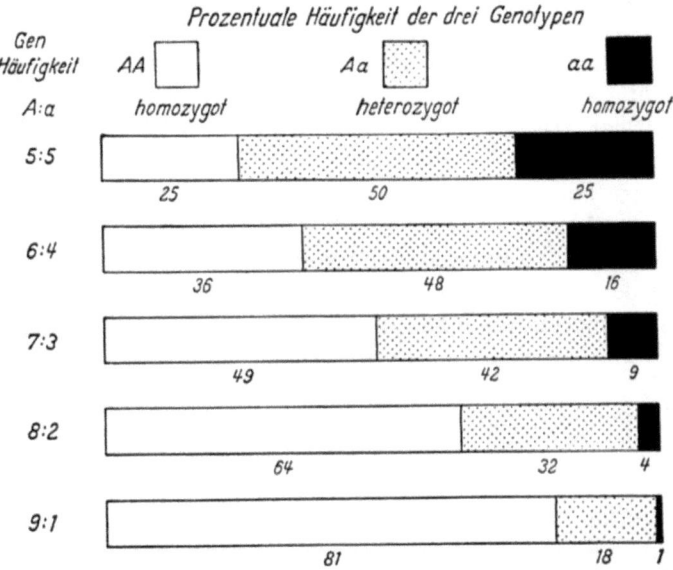

Abb. 17. Häufigkeiten der drei Genotypen AA, Aa, aa, entsprechend den verschiedenen Genhäufigkeiten der beiden Allele A und a

Es ist zu erwähnen, daß, obgleich ein wenig häufiges Allel in seiner homozygoten Form wirklich sehr selten vorkommt, seine heterozygoten Träger doch relativ häufig sind. Wenn die Häufigkeiten der Gene A und a im Verhältnis neun zu eins stehen, wie im Anhang A (s. S. 129) zu sehen ist, gibt es nur 1% Homozygote in der Bevölkerung, aber 18% Heterozygote. Die allgemeine Regel ist also, daß heterozygote Träger seltener rezessiver Erbleiden relativ häufig sein können. Phenylketonurie z. B. hat eine Häufigkeit von ungefähr 1 : 20 000 in der Gesamtbevölkerung. Einen heterozygoten Träger würde man jedoch im Durchschnitt unter 70 Personen finden.

Phänotypen und Gen-Häufigkeiten

Es ist sehr interessant, in einer menschlichen Bevölkerungsgruppe die Häufigkeit verschiedener Gene und die Merkmale, die sie verursachen, zu vergleichen. Die üblichen Unterschiede der Augen-, Haar- und Hautfarbe sind weitgehend erblich, aber bis jetzt hat sich bei ihnen die Herausarbeitung einzelner Gene als sehr schwierig erwiesen. Man glaubte, daß blaue Augenfarbe und helle rote Haare rezessive Merkmale seien, aber diese Vorstellung ist nur eine grobe Annäherung an die wirklichen Verhältnisse. Vollständiges Fehlen von Pigment, wie es beim Albinismus vorkommt, ist ein Sonderfall, der gewöhnlich richtig als rezessiv beschrieben wird, und der eine geringe Genhäufigkeit hat. Dagegen ist das relative Fehlen von Pigment bei Europäern, verglichen mit den Afrikanern, ein kumulativer Effekt vieler Gene. Einige Forscher haben geschätzt, daß ungefähr 10 verschiedene Loci an der Hautfarbe beteiligt sind; diese Schätzung ist jedoch unsicher. Familienbeobachtungen, bei denen ein Elternteil viel dunklere Haut als der andere hat, zeigen, daß die Kinder im Durchschnitt eine Tönung ungefähr zwischen der der beiden Eltern haben, wenn sie auch nie alle die gleiche Farbe aufweisen. Genau definierbare Merkmale, wie Blutgruppenantigene, die in breit gestreuten Populationen untersucht worden sind, können jedoch genaue Auskünfte über Genhäufigkeiten geben. Die frühesten Untersuchungen auf diesem Gebiet wurden von L. und H. HIRSZFELD zwischen 1910 und 1920 über die ABO-Blutgruppen durchgeführt.

Mit Hilfe von BERNSTEINs Analyse, ergänzt durch weitere Kenntnisse über A_1 und A_2, können wir für jede Population die voraussichtliche Häufigkeit aller zehn Genotypen (s. Tab. 1, S. 28) errechnen, obgleich diese Genotypen nicht alle einzeln unterscheidbar sind. So erscheinen A_1A_1, A_1A_2 und A_1O alle einfach als Blutgruppe A_1. Im Anhang B (s. S. 130) findet man die beobachteten Häufigkeiten der verschiedenen Blutgruppen bei einem großen Personenkreis aus England und Wales. Auf Grund dieser Zahlen ist es möglich zu bestimmen, wieviele Personen zu jedem Genotyp gehören. Die Gesamtverteilung kann wie in Abb. 18 in Form eines Dreiecks dargestellt werden. Die Flächen stellen die Anzahl von Individuen jeden Genotyps dar. Es ist bemerkenswert, daß die Homozygoten BB viel seltener sind als die Heterozygoten OB, so daß die meisten Leute, die zur Gruppe B gehören, heterozygot sind. Dasselbe gilt für Personen der Gruppe A (A_1 oder A_2); sie sind meistens A_1O oder A_2O.

Wenn wir statt einer Gruppe aus England eine aus Japan genommen hätten, würden wir zwar dieselben Blutgruppen finden, aber eine

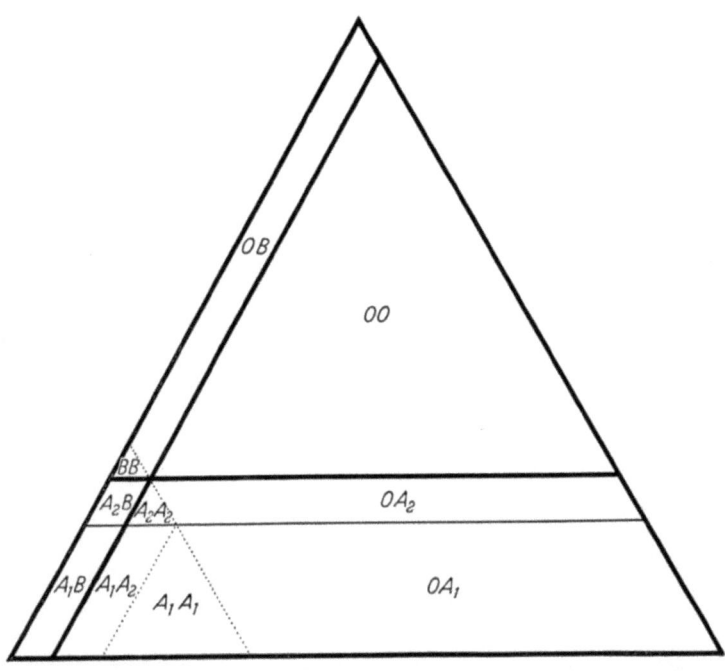

Abb. 18. Graphische Darstellung der ABO-Blutgruppen-Häufigkeiten in England und Wales. Die Flächen in dem Dreieck bedeuten die Zahl von Personen jeden Genotyps. Die kleineren Dreiecke enthalten Homozygote, die Parallelogramme enthalten Heterozygote. Die punktierten Linien unterteilen Typen, die durch direkte Tests nicht unterschieden werden können

Tabelle 2. Prozentuale Verteilung der Phänotypen der Blutgruppen in der menschlichen Bevölkerung

Gebiet	Bevölkerungszahl in Millionen (1948)	Phänotypische Gruppen			
		0	A	B	AB
Afrika	187	43	28	23	6
Amerika	310	52	34	11	3
Asien	1432	36	28	28	8
Europa	384	40	43	12	5
Ozeanien	12	47	39	10	4
Welt	2325	39	31	23	7

andere Häufigkeitsverteilung. Im Osten gibt es ganz allgemein viel mehr Gruppe B. Ihre Vorherrschaft ist in einigen Teilen Indiens ausnehmend hoch, besonders im Norden. Aus Tabelle 2 ersieht man, daß für die Europäer ein häufigeres Vorkommen von A charakteristisch ist. Individuen der Gruppe O sind besonders häufig in Indianerbevölkerungen von Nord- und Südamerika und ganz charakteristisch für Mexiko. Die Verteilung der Untergruppen A_1 und A_2 ist noch nicht ausgiebig untersucht. Wenn wir die Welt als Ganzes betrachten, finden wir, daß das englische Volk nicht irgendwo nahe dem Durchschnitt liegt. Dasselbe gilt auch für die übrigen Europäer. Wegen des enormen Effekts der riesigen asiatischen Bevölkerungen auf die Genhäufigkeit der gesamten Menschheit, sind wir nicht typisch für sie.

Ähnliche Überlegungen entstehen im Zusammenhang mit den Unterschieden der Körpergröße und der Hautfarbe, die in den Bevölkerungen der Welt ungleich verteilt sind. Der Durchschnittsmann wäre ungefähr 1,65 m groß, ca. 2,5 cm unter dem Durchschnitt in England. Er hätte dunkle Haare und grau-braune Hautfarbe. Solche Durchschnittsmenschen sind ziemlich selten, weil die Bevölkerung der Welt sich aus geographischen Gründen nicht sehr stark miteinander vermischt hat. Es muß aber gesagt werden, daß, wenn die gesamte Menschheit einer allgemeinen und zufallsbedingten Mischung (random mating) ausgesetzt wäre, trotzdem eine Menge der bestehenden Variation in diesen Merkmalen erhalten bliebe. Dies kommt daher, daß die Gene, die solche Merkmale wie Körpergröße und Pigmentation beeinflussen, ebenso aufspalten wie die Blutgruppengene, obgleich ihre Wirkungen nicht einzeln erkennbar sind.

Anthropologische Genetik

Die Untersuchung der Blutgruppenhäufigkeiten ist zu einem wichtigen Teil der Anthropologie geworden. Neben dem ABO-System sind Personen auf der ganzen Welt auf die Antigengruppe, die als MNS-System bekannt ist, getestet worden, ebenso auf den *Rhesus*-Faktor mit seinen verwickelten Varianten. Man nimmt gewöhnlich an, daß zwei Populationen, die ähnliche Häufigkeitsverteilungen der Blutantigene aufweisen, wahrscheinlich auf denselben Ausgangsstamm zurückgehen. In der Praxis ist es aber äußerst schwierig, sichere Schlüsse auf diesem Gebiet zu ziehen. Es bestehen dafür zwei hauptsächliche Schwierigkeiten. Erstens können wir nicht wissen, ob eine Gruppe abwandernder Menschen wirklich repräsentativ für den Stamm ist, von dem sie sich abgetrennt hat. Wenn die Abwanderer zahlreich genug sind, können sie wohl eine echte Stichprobe aus der ursprünglichen Bevölkerung sein. Dies gilt aber nicht für kleine Gruppen von Abwanderern, die ebenfalls neue Kolonien gegründet haben können. Zweitens besteht das noch kompliziertere Problem der Beziehungen zwischen den Merkmalen, die in einer Population vorhanden sind, und ihrer Umwelt. Dies läßt die grundlegende Frage nach dem Effekt der natürlichen Auslese auf die genetische Zusammensetzung der menschlichen Bevölkerung aufkommen. Im ausgehenden 19. Jahrhundert, als DARWINS Vorstellungen anerkannt worden waren, glaubte man, daß die Afrikaner schwarzhäutig seien, weil sie sich auf Grund der klimatischen Verhältnisse so entwickelt hätten. Das schwarze Pigment sollte einen gewissen Schutz gegen die Sonne oder die Hitze bieten. Nach moderner Anschauung schützt es gegen das ultraviolette Licht, indem es dieses absorbiert. Ebenso ist kürzlich die Ansicht geäußert worden, daß die asiatischen Völker mit ihren relativ flachen Gesichtern besser gegen Kälte und Erfrierungen geschützt seien als Europäer mit ihren schmalen und langen Nasen. Es ist allerdings sehr zweifelhaft, wieweit solche geistreichen Schlüsse wirklich begründet sind. Der Zweifel an der Gültigkeit solcher Theorien entsteht hauptsächlich, weil wir keine Ahnung darüber haben, wie Gene mit diesen traditionell interessanten sogenannten „Rassenmerkmalen" zusammenhängen. Im Prinzip gilt jedenfalls, daß die erblichen Merkmale einer Bevölkerung dadurch entstanden sind, daß diejenigen, die die Merkmale besaßen, die Fähigkeit hatten zu überleben und sich zu vermehren. Durch die Untersuchungen einzelner Gene und der entsprechenden Merkmale kann oft viel über die Wirkung der natürlichen Auslese ausgesagt werden. Es ist jedoch sehr wenig über die Auslese-Vorteile der verschiedenen Blutantigene bekannt. Man nimmt aber an, daß natürliche Auslese sowie Abwanderung eine bedeutende Rolle bei der Bildung der Häufigkeitsunterschiede auf der Erde gespielt haben müssen.

Wirkungen der natürlichen Auslese auf Gen-Häufigkeiten

Beim genetischen Gleichgewicht, wie HARDY und WEINBERG es beschrieben haben, wurde angenommen, daß alle erblichen Typen in der Bevölkerung gleich tauglich im Darwinschen Sinne seien. Das bedeutet, alle Personen würden, ungeachtet der Gene, die sie besitzen, mit gleicher Wahrscheinlichkeit überleben und sich fortpflanzen. Die Frage, was geschehen würde, wenn die Genotypen nicht alle gleich tauglich wären, bot den Mathematikern viele reizvolle und schwierige

Probleme. Sie wurden in den Jahren zwischen 1920 und 1930 hauptsächlich von R. A. Fisher und J. B. S. Haldane in England und von S. Wright in Amerika gelöst. Einige der einfacheren Ergebnisse sind leicht zu verstehen.

So konnte leicht theoretisch nachgewiesen werden, daß sehr kleine Vorteile, die ein Individuum durch den Besitz eines günstigen dominanten Gens hat, wichtige, wenn auch sehr langsame Veränderungen in der Häufigkeit dieses Gens zur Folge haben. Ein leicht vorteilhaftes Gen kann im Wettbewerb mit anderen Allelen bestehen, und ein etwas benachteiligendes wird langsam aber sicher verschwinden. Ferner würde ein Gen, das eine schwere dominante Mißbildung bei Heterozygoten auslöst, schnell ausgerottet werden. Mit nachteiligen rezessiven Merkmalen verhält es sich anders. Die dafür verantwortlichen Gene können nur langsam ausgemerzt werden. Das gilt sogar für Gene, die sogenannte *letale Merkmale* verursachen, also solche, die einen frühen Tod des Individuums bedingen. Je seltener das rezessive letale Merkmal ist, desto langsamer wird die natürliche Auslese dagegen wirken.

Mutationen und ihre Beziehung zur natürlichen Auslese

Die theoretischen Ergebnisse über Genhäufigkeitsveränderungen auf Grund von selektiv ungünstigen Faktoren haben große praktische Bedeutung für die Humangenetik. Vor allem bieten sie eine notwendige Voraussetzung für die Berechnung der Häufigkeit von Mutationen, von denen die Evolution letzten Endes abhängt. Alle Gene, die für die bekannten erblichen Merkmale verantwortlich sind, sind durch spontane Mutationen entstanden. Ein Gen verwandelt sich dabei plötzlich in ein neues, welches dann bei der Chromosomenteilung an Stelle des alten vermehrt wird. In der Natur entstehen ständig neue Varianten. Ihre Häufigkeit kann künstlich beeinflußt werden, wenn das genetische Material des lebenden Organismus besonderen physikalischen oder chemischen Einflüssen ausgesetzt wird. H. J. Muller hat gezeigt, wie dies mit experimentellen Populationen von Fruchtfliegen geschieht, wenn sie hohen Dosen von Röntgenstrahlen ausgesetzt werden. Hitze kann unter Umständen zu einem ähnlichen Ergebnis führen, ebenso auch chemische Substanzen, wie Charlotte Auerbach zuerst bewiesen hat. Es gibt zwei Arten von Mutationen: Sogenannte *Chromosomenmutationen*, Bruch und Neuverbindung von Chromosomen, und solche, die nur einen einzelnen Locus betreffen, an dem sie ein neues Allel entstehen lassen *(Punkt-Mutationen)*. Die durch

Röntgenstrahlen, Hitze oder chemische Einflüsse hervorgerufenen Punkt-Mutationen sind von derselben Art, wie die spontan entstandenen. Diese Einflüsse beschleunigen also nur den natürlichen Vorgang. Die volle Bedeutung von Chromosomen-Neuverbindungen oder Aberrationen in der Humangenetik ist noch nicht bekannt. Über die Punktmutationen wissen wir besser Bescheid. Die meisten Keimzellen, in denen Chromosomenbrüche vorkommen, sind unfähig zu überleben oder an der Befruchtung teilzunehmen. In diesem Fall werden die Brüche nicht weitergegeben und sie schaden der Nachkommenschaft nicht (s. Abb. 19).

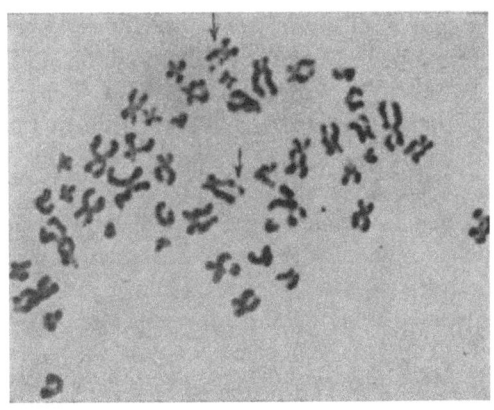

Abb. 19. Chromosomen aus Zellen in Gewebekultur nach Bestrahlung mit 50 r. Die Pfeile bezeichnen zwei Brüche (nach PUCK, 1958)

Wenn in den Keimzellen eines Mitglieds der Bevölkerung eine Mutation vorkommt und das neue Gen eine dominante Wirkung hat, kann es sofort im Kind dieser Person sichtbar werden. Ist das Ergebnis, wie gewöhnlich, ungünstig, wird das Kind, das dieses neue Gen erhält, biologisch auf die eine oder andere Art untauglich sein. Das neue Gen wird dann wegen der Unfruchtbarkeit seines Trägers schnell aussterben. So etwas ist beim Menschen beobachtet worden. Wir haben schon erwähnt, wie eine Eigenschaft, etwa eine abnorme Entwicklung der Finger und Zehen, plötzlich auftritt, offenbar durch eine Neumutation, und dann durch mehrere Generationen weitergegeben werden kann. Manche andere Merkmale, die auf ähnliche Weise entstanden sind, die Gesundheit jedoch stärker beeinträchtigen, mögen nur bei einem Fall auftreten. Sie entstehen wie aus heiterem Himmel und verschwinden wieder aus dem Stammbaum. Viele solcher Merkmale sind beim Menschen gefunden worden, und zweifellos sind noch viel mehr bis jetzt nicht erkannt worden.

Beispiele von Neumutationen beim Menschen

Als bekanntes Beispiel für eine Neumutation sei ein Typ von Zwergwuchs (Chondrodysplasie) genannt, bei dem die Person einen normal großen Kopf und Körper, aber sehr kurze Glieder und ungewöhnliche Gesichtszüge hat. Ein anderes Beispiel ist ein besonderer angeborener Defekt, der mit Epilepsie und starker geistiger Unterentwicklung einhergeht und Epiloia (im deutschen Schrifttum meist als Tuberöse Hirnsklerose bezeichnet) genannt wird. Er ist mit der Ausbildung gutartiger Tumoren an vielen Stellen des Körpers verbunden, besonders an der Gesichtshaut, dem Gehirn, dem Herzen und den Nieren. Es gibt auch milde Ausprägungen mit nur leichten Symptomen und geringer Einschränkung der Gesundheit. Derartige Individuen können das Gen weitervererben, so daß man gelegentlich Familien mit sichtbarer dominanter Vererbung durch zwei oder höchstens drei Generationen findet. Sonst wäre die Art der Vererbung unbekannt. Ein drittes Beispiel ist eine Mißbildung, Akrocephalosyndaktylie genannt, bei der der Schädel nach oben zugespitzt erscheint, die Augen hervorstehend und Finger und Zehen zusammengewachsen. Sehr wenige Betroffene hatten je Nachkommen, so daß fast alle Fälle auf Neumutationen beruhen. Auch dieses Merkmal wird dominant vererbt.

In diesen drei Beispielen ist die Mutation sehr nachteilig, jedoch nicht schädlich genug, um einige Individuen am Überleben und an der Fortpflanzung zu hindern. Gerade ein solches Maß an Schädlichkeit ist sehr ungewöhnlich, die meisten Mutationen sind entweder schädlicher oder weniger schädlich. Die Bedeutung dieser dominanten Mutationen liegt darin, daß sich die Mutationsrate des betreffenden Gens aus der beobachteten Häufigkeit von Fällen mit unbefallenen Eltern berechnen läßt. Die so berechnete Rate pro Generation ist bei verschiedenen Untersuchern unterschiedlich; jeder von ihnen macht Korrekturen und Einschränkungen verschiedener Art, je nach seiner Deutung der Werte. Die wirkliche Häufigkeit liegt in der Größenordnung von einer Mutation auf 100 000 pro Generation an dem bestimmten Locus. Das bedeutet natürlich nicht, daß an allen Loci des Menschen Mutationen mit dieser Häufigkeit vorkommen. Trotz der sehr umfangreichen Arbeit über die AB0-Blutgruppen ist kein sicheres Beispiel einer Mutation von einem Allel dieser Reihe zu einem anderen je bekannt geworden. Es wird behauptet, daß im MNS-Antigen-System ein Fall beobachtet worden sein. Die Seltenheit, mit der bei normalen Stammbaumuntersuchungen Neumutationen gefunden werden, zeigt deutlich die Seltenheit ihres Vorkommens unter natürlichen Bedingungen. Wir müssen allerdings bedenken, daß es eine ungeheuer große Zahl von Loci auf den menschlichen Chromosomen gibt. Wenn es nur 50 000 Loci gäbe, würde im Durchschnitt wenigstens eine Mutation irgendwo in den Keimzellen jedes Individuums vorkommen, denn jeder Mensch hat zwei Chromosomensätze und deshalb zusammen 100 000 mögliche Loci. Wahrscheinlich entspricht dies ungefähr den wirklichen Verhältnissen.

Rezessive Mutationen und Inzucht

Die meisten Neumutationen sind unsichtbar, weil die Wirkung des mutierten Gens rezessiv ist. Das heißt, sie sind, wenn überhaupt, nur unter großen Schwierigkeiten, bei heterozygoten Trägern erkennbar. Das rezessive Merkmal wird nur manifest, wenn beide Eltern Träger sind. Wenn also ein Gen in Jahrzehnten nur einmal in einer Bevölkerung entsteht, wird es unter der Bedingung des reinen Zufalls sehr lange dauern, bis es in irgendeiner Ehe bei beiden Partnern gefunden wird. Bei Inzucht allerdings kann die Wirkung rezessiver Mutationen viel leichter sichtbar werden. Selbst dann, und selbst wenn es sich um nahe Inzucht handelt, kann es eine beträchtliche Zahl von Generationen dauern, bis dies eintritt. Deshalb ist es unmöglich, die Mutationsraten von Genen genau zu berechnen, die nur im homozygoten Zustand ein abweichendes Merkmal hervorrufen.
Der Begriff der Genhäufigkeit in Populationen wurde zuerst von F. LENZ, 1919, auf das Problem des Zusammenhanges zwischen rezessiven Merkmalen und Inzucht angewandt. Seine Formel wurde später von G. DAHLBREG erweitert, und F. BERNSTEIN hat den Begriff *Inzuchtkoeffizient* eingeführt. Wenn es in einer menschlichen Bevölkerung viele Vetternehen ersten Grades gibt, ist der Koeffizient hoch. Wenn dieselbe Zahl von Vetternehen vorkommt, aber nur Vetternehen zweiten Grades, ist der Koeffizient niedriger, und wenn es überhaupt weniger Vetternehen gibt, ist er noch niedriger. Während des letzten Jahrhunderts und besonders seit 1900 ist die Häufigkeit der Vetternehen in allen europäischen Ländern stark zurückgegangen. Dieser Rückgang ist wahrscheinlich eine Folge der ständig verbesserten Kommunikationsmöglichkeiten, denn wir stellen in abgeschlossenen ländlichen Gebieten mehr Vetternehen fest als in Städten. Aber sogar in ländlichen Gegenden ist in den letzten Jahren ein Abfall des Inzuchtkoeffizienten beobachtet worden. Dies wird auf der Kurve deutlich, die die Vetternehen in der südlichen Bretagne zeigt, wie sie J. SUTTER beschrieben hat (s. Abb. 20). Durch Anwendung der Me-

thoden, die aus der mathematischen Untersuchung von Genhäufigkeiten entwickelt worden sind, ist es möglich, die Wirkung solch eines Abfalls in der Häufigkeit von Inzucht auf das Vorkommen rezessiver Merkmale zu berechnen, vorausgesetzt, daß ihre Häufigkeiten zu

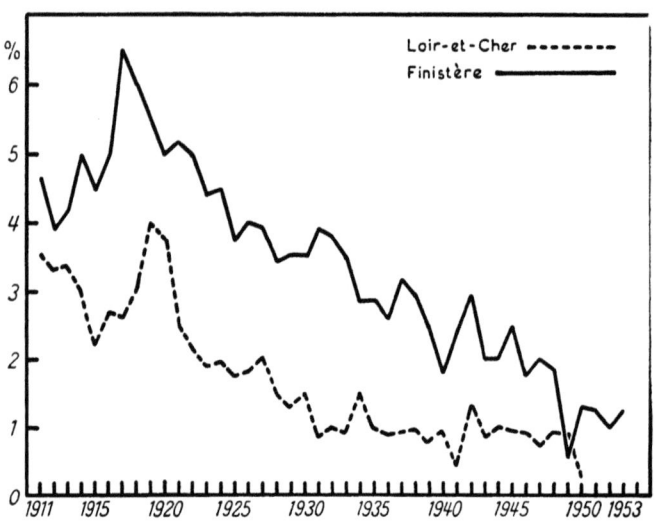

Abb. 20. Veränderung der prozentualen Häufigkeit von Vetternehen ersten Grades in zwei isolierten französischen Provinzen (nach SUTTER und TABAH, 1955)

irgendeinem bestimmten Zeitpunkt bekannt sind. Seltene Merkmale reagieren viel stärker auf Veränderungen des Inzuchtkoeffizienten als häufigere.

Untersuchungen über den Zusammenhang zwischen Vetternehen und dem Auftreten von Krankheiten unter den Kindern können genaue Auskunft über rezessive Erblichkeit geben. In England gibt es keine offizielle Möglichkeit, herauszubekommen, wieviele Leute ihre Cousinen heiraten. Forschungen auf diesem Gebiet bedürfen also besonderer Planung. JULIA BELL analysierte 1930 die Ergebnisse einer Untersuchung, die an einer großen Zahl von Krankenhäusern des ganzen Landes vorgenommen worden war. Sie schätzte, daß in der allgemeinen Bevölkerung auf 1000 Ehen sechs Vetternehen ersten Grades und fast zwei Ehen unter entfernteren Verwandten entfielen, aber daß die Häufigkeit solcher Ehen am Abnehmen war. Bei Patienten mit bestimmten seltenen Krankheiten, besonders einigen Krankheiten des Nervensystems, waren die Eltern häufiger blutsverwandt, als zu erwarten wäre.

In einigen Ländern ist Inzucht verbreitet. In Teilen Indiens und Japans wurde festgestellt, daß über 30% der Ehen zwischen Vettern geschlossen werden. Dies ist manchmal die Folge der Isolierung kleiner Bevölkerungsgruppen. Die Höhe der Inzucht wird außerdem durch Religion und örtliches Brauchtum in einem erheblichen Umfang mitbestimmt. Beobachtungen von W. J. Schull über die japanische Bevölkerung zeigen, daß Unterschiede von Ort zu Ort bestehen, obgleich Vetternehen dort überall häufiger als in Europa sind. Da seltene rezessive Merkmale durch Inzucht manifest werden, ist es von äußerster Wichtigkeit, die Wirkung dieses Faktors genau zu bedenken, wenn die Möglichkeit erörtert wird, daß einige Defekte durch Neumutation entstanden sein könnten. Der Hauptwert dieser Untersuchungen über Blutsverwandtschaft ist jedoch, daß Mutationen entdeckt werden können, die schon vor sehr langer Zeit stattgefunden haben.

Typen des Gleichgewichts von Gen-Häufigkeiten in der Bevölkerung

Wie schon erwähnt, sind die Folgen von Neumutationen gewöhnlich nachteilig. Der lebende Organismus ist so fein ausbalanciert, daß irgendeine zufällige Veränderung in seinem Aufbau seine Entwicklung und Funktion viel wahrscheinlicher stört als begünstigt. Trotzdem muß es gelegentlich begünstigende Veränderungen geben, weil sonst keine Evolution hätte stattfinden können. Einige Mutationen müssen also vorteilhafte Wirkungen haben. Diese können, nachdem sie weitervererbt worden sind, eine sofortige Verbesserung einer Struktur oder Funktion des Individuums bedingen. Andererseits brauchen sie auch nicht sofort wirksam zu sein, sondern können für besondere Umstände, die eintreten könnten, in Reserve gehalten werden. Natürlich hat eine Art, die gegen eine Vielzahl von störenden Umwelteinflüssen geschützt ist, einen großen Vorteil. Bei der Diskussion dieser Probleme prägt R. A. Fisher den Begriff „Energie" für den Umfang von Variation auf Grund mutierter Allele in einer Spezies. Ohne solche Energie wird eine Spezies im Nachteil sein, sowohl in bezug auf eine unmittelbare Reaktion auf die Umwelt als auch besonders auf ihr Fortschreiten in der Evolution. Die Gattung Mensch ist reich an Variationen erblicher Merkmale. Einige von ihnen sind günstig, wie Körperkraft und Intelligenz, einige ungünstig, wie körperliche Mißbildungen oder biochemische Abweichungen, und einige sind anscheinend fast neutral, wie die AB0-Blutgruppen, die Körpergröße und die Augenfarbe.

Das Gleichgewicht der Allele untereinander, wie es von HARDY und WEINBERG verstanden wurde, ist neutral, vergleichbar einer ruhenden Kugel auf einer ebenen Fläche. Wo die Kugel auch hingelegt wird, sie bleibt liegen. In einem neutralen genetischen Gleichgewicht wird die bestehende Häufigkeit der Allele beibehalten, sie bleibt auch nach einer unbegrenzten Zahl von Generationen wie zu Anfang. Solch ein theoretisches Modell trifft annähernd zu, aber auf die Dauer muß eine genetische Veränderung eintreten, wenn ein erbliches Merkmal zu irgendeiner Zeit günstiger als ein anderes ist. Wie schon betont, können Gene mit ungünstigen Wirkungen durch die natürliche Selektion ausgemerzt werden. Dies ist, als ob der Tisch angehoben würde, so daß die Kugel über den Rand rollte. Allerdings ist die Ausmerzung von Genen, die nachteilige rezessive Merkmale verursachen, sehr langsam, aber eines Tages, im Laufe von vielen tausend Jahren, werden sie verschwunden sein. Trotzdem ist die Menschheit mit solchen Genen durchsetzt. Wir benötigen ein weiteres Prinzip in der Populationsgenetik, um zu erklären, wie die Allele als Ursache der Variation in der Bevölkerung zurückgehalten werden. Dieses Prinzip ist in der Frage enthalten, ob das Gleichgewicht stabil oder labil ist. Ein Beispiel eines labilen Gleichgewichtes bietet eine Kugel, die auf einer gekrümmten Fläche ausbalanciert ist. Die kleinste Bewegung hebt den Ruhezustand auf. Ein stabiles Gleichgewicht entspricht einer Kugel am Boden einer Schale. Jeder Veränderung wird entgegengewirkt, weil die Kugel nach einem Stoß aus der Ruheposition immer wieder auf ihre alte Stelle zurückkehren wird. Es wird jetzt allgemein angenommen, daß die Gene, die wir in der Bevölkerung finden, annähernd im Gleichgewicht sein müssen, weil es sonst unwahrscheinlich gewesen wäre, daß wir sie überhaupt finden konnten. Aus dem gleichen Grunde ist es wahrscheinlicher, daß sie in einem stabilen Gleichgewicht sind als in einem neutralen oder labilen.

Es gibt zwei Wege, auf denen die Stabilität der Genhäufigkeit in einer Population erhalten werden kann. Das Gleichgewicht zwischen Mutation und Ausmerzung ist die eine Möglichkeit, die andere ist das Gleichgewicht zwischen günstigen Heterozygoten und ungünstigen Homozygoten. Erst wollen wir die Mutation und Ausmerzung betrachten. Mutationen kommen natürlicherweise ständig vor. Wenn die so entstandenen neuen Allele ungünstig sind, wird ihre ständige Erneuerung gerade den Verlust durch die Selektion ausgleichen, die gegen die Träger gerichtet ist. Die Höhe der Genhäufigkeit, bei der dieses Gleichgewicht stehen bleibt, hängt von der Mutationsrate und vom Grad des entstandenen Nachteiles ab. Eine günstige Mutation läßt zunächst einen labilen Zustand entstehen, denn sie wird sich langsam in der gesamten Bevölkerung ausbreiten und ungünstige Allele verdrängen. Der Zustand wird erst wieder stabil, wenn nur noch das günstige Gen vorhanden ist. Die häufigere Situation ist ein Gleichgewicht zwischen Mutation und Ausmerzung eines ungünstigen Gens. Dieses Gleichgewicht muß sorgfältig beobachtet werden, wenn die Menschheit in weitem Maße Einwirkung, wie radioaktiver Strahlung, ausgesetzt werden soll, die die Mutationsrate ansteigen lassen.

Strahlung als Ursache von Mutationen beim Menschen

Die Lebewesen sind in ihrer natürlichen Umgebung allen möglichen Einwirkungen ausgesetzt, die neue Mutationen verursachen. Man glaubt außerdem, daß bei der Verdoppelung der Gene vor der Zellteilung manchmal aus chemischen Gründen Fehler vorkommen können. Einige Loci scheinen empfindlicher auf bestimmte mutagene Einflüsse zu reagieren als andere. Zur Zeit betrachtet man jedoch alle Gene zusammen und ist der Auffassung, daß die natürliche Strahlung im allgemeinen nur für einen kleinen Bruchteil, beim Menschen höchstens ein Zehntel, der spontanen Mutationen verantwortlich ist; der Rest hat unbekannte Ursachen. Die natürlichen Strahlungsquellen, die Mutationen in menschlichen Keimzellen hervorrufen können, sind kosmische Strahlen, Strahlen aus dem Gestein der Erde und von radioaktivem Kalium, das ein normaler Bestandteil des Körpers ist. In unserer Zeit muß man angesichts der Entwicklung der Atomenergie und des zunehmenden diagnostischen und therapeutischen Gebrauchs von Röntgenstrahlen in der Medizin befürchten, daß die Vielzahl mutagener Einwirkung, die nun zu der natürlichen noch dazukommt, ernste genetische Folgen haben kann. Wenn man die natürliche Entstehung der Gene und Populationen versteht, erkennt man, daß ein Anstieg in der Mutationsrate einen neuen Gleichgewichtspunkt für jedes ungünstige Gen entstehen läßt. Eine ansteigende Mutationsrate würde zwar sicher nicht das Überleben der Menschheit gefährden, aber sie würde die Häufigkeit aller bestehenden Typen von Erbkrankheiten erhöhen.

Hohe Strahlendosen können die Chromosomen schädigen und die Teilungsvorgänge stören. Deshalb ist es möglich, daß sehr kleine Dosen gelegentlich Chromosomenmutationen hervorrufen, die auf die folgenden Generationen übertragen werden. Zur Zeit gibt es allerdings noch keine schlüssigen Beweise, daß dies beim Menschen wirklich vorkommt. Im ganzen sind die Zahlen, die die Physiker für den Anstieg der allgemeinen Strahlung nennen, der die Menschheit heute durch industriellen, medizinischen und militärischen Gebrauch ausgesetzt ist, als solche noch nicht beunruhigend. Zusätzliche ein oder zwei Prozent Strahlungsbelastung für die Weltbevölkerung wird die Mutationsrate als Ganzes noch nicht so stark beeinflussen, daß meßbare Wirkungen entstehen. Selbst wenn die zusätzliche Belastung ebenso hoch wäre wie die natürliche, würden wohl viele Mutationen erzeugt werden, sie würden aber noch immer äußerst schwer nachzuweisen sein. Die Gefahr liegt vielmehr in den Problemen der Kontrolle der Strahlung in der Zukunft, und soweit industrieller Gebrauch betroffen ist, wird dieser Punkt sehr gewissenhaft beachtet. Über die medizinische Anwendung gibt es keine so feste Kontrolle, aber man schätzt jetzt die Gefahr hoher Dosen richtig ein. Unglücklicherweise gibt es für die militärische Anwendung bis jetzt noch keine Schutzbestimmungen.

Das stabile genetische Gleichgewicht durch Heterozygoten-Vorteil

Die andere Möglichkeit der Entstehung eines stabilen Gen-Gleichgewichtes wurde zuerst von FISHER erwähnt, aber erst kürzlich ist ihre Bedeutung für die Erhaltung der Variation innerhalb einer Spezies richtig erkannt worden. Sie wird verwirklicht, wenn Heterozygote biologisch tauglicher sind als Homozygote. Wenn ein seltenes rezessives Gen nachteilig im homozygoten Zustand ist, genügt schon ein sehr kleiner Vorteil der Heterozygoten, um ein stabiles Gleichgewicht entstehen zu lassen. Ein solches Gen kann auch ohne Neumutationen unbegrenzt lange mit derselben Häufigkeit in der Population erhalten bleiben. Dies ist ein ganz bedeutender Punkt in der Humangenetik. Wenn die heterozygoten Träger des Phenylketonurie-Gens z. B. um 1% fruchtbarer als der Durchschnitt wären, dann würde sich dieses Gen in einem stabilen Gleichgewicht befinden. Trotz der Auslese gegen die schwachsinnigen Homozygoten würde sich seine Häufigkeit nicht verändern. Wir brauchten nicht häufige Mutationen als Ursache für die Verbreitung der Phenylkentonurie in der Bevölkerung anzunehmen. Aber nur in sehr seltenen Fällen können wir den heterozygoten Trägern rezessiver Krankheiten irgendeinen Vorteil mit Sicherheit zuordnen.

Man könnte annehmen, daß eine etwas veränderte, wenn auch noch nicht abnorme, chemische Veranlagung der Heterozygoten unter Umständen in besonderer Umwelt Schutz bieten kann. Sie könnte gegen klimatische Härte, Hunger oder Infektionskrankheiten schützen. Das am besten gesicherte Beispiel dafür findet sich bei der schon besprochenen Sichelzellenanämie. Es ist mindestens sehr wahrscheinlich, daß das besondere Hämoglobin, das bei den Heterozygoten zusammen mit dem normalen vorkommt, eine gewisse Immunität gegen Malaria verursacht. Wenn der Schutz fast vollständig wäre, wie A. C. ALLISON annimmt, würde dies allein das sehr häufige Auftreten des Sichelzellenmerkmals in einigen Gegenden Afrikas erklären. Schon eine ganz geringe Immunität würde ein stabiles Gleichgewicht dieser Anomalie in der Bevölkerung erhalten. Im Anhang C (S. 130) ist die Mathematik der Genhäufigkeiten bei einer solchen Situation wiedergegeben.

Die Stabilität der Variation bei abgestuften Merkmalen

Das Prinzip der Erhaltung erblicher Variation durch Heterozygotenvorteil kann leicht auf meßbare Merkmale wie Körpergröße und vielleicht auch Intelligenz angewandt werden. Im ganzen gesehen sind es weder die größten noch die kleinsten Menschen, die biologisch am

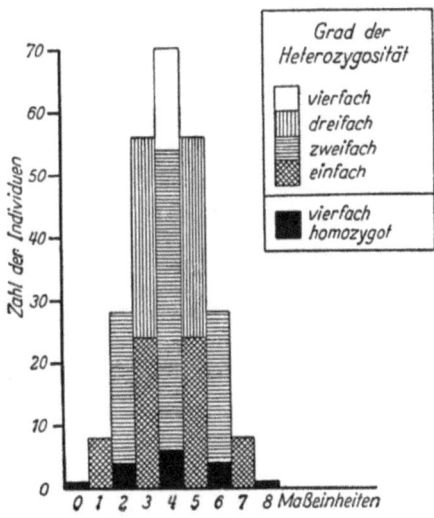

Abb. 21. Das Diagramm zeigt eine theoretische genetische Zusammensetzung einer Bevölkerung in bezug auf ein abgestuftes meßbares Merkmal. Die gezeigte Häufigkeitsverteilung würde durch vier unabhängige Genpaare mit additiver Wirkung entstehen, von denen jedes Gen die Wahrscheinlich von $1/2$ hat. Die Heterozygoten finden sich bevorzugt im Zentrum

besten daran sind, sondern die in der Mitte, näher dem Durchschnitt. Das Geburtsgewicht ist ein weiteres Beispiel. Dies ist ein quantitatives

Merkmal, das auf sehr komplexe Weise erblich mitbedingt ist. Es ist bekannt, daß zu schwere und zu leichte Kinder geringere Überlebenschancen haben als solche, die dem Durchschnittsgewicht näherkommen.

Soweit diese abgestufen metrischen Merkmale genetisch bedingt sind, stellen sie die kumulative Wirkung vieler Gene an versichedenen Loci dar. Wenn Gene mit quantitativen Effekten sich verbinden, dann finden sich die Homozygoten vorwiegend an den äußeren Enden der Verteilungskurve. Das heißt, sehr große und sehr kleine Personen sind stärker homozygot als Personen mittlerer Größe. Das ist nicht ganz exakt, gibt aber ein annähernd richtiges Bild (s. Abb. 21, S. 61). Vollständig additive genetische Wirkungen würden bestimmte Ergebnisse erwarten lassen, die in bezug auf die Körpergröße tatsächlich gefunden werden konnten (s. Abb. 2), obgleich die Übereinstimmung mit der Theorie bei weitem nicht vollständig ist. Wenn die extremen Maße, die der Riesen und Zwerge, mit einem Nachteil verbunden sind, ist dies gleichbedeutend mit der Benachteiligung Homozygoter. Wenn die Extremen in jeder Generation dazu tendieren, durch natürliche Auslese verlorenzugehen, wird der Mittelwert dadurch stabil erhalten. Das Ergebnis ist sowohl die Erhaltung des Mittelwertes auf einer konstanten Größe als auch die Erhaltung der Variation. Obgleich an beiden Enden der Skala Homozygote verlorengehen, verschwinden die Gene für große und kleine Maße nicht, weil die Heterozygoten, die beide Gene besitzen, die nächste Generation mit homozygoten extremen Maßen versorgen. Ausgeglichene genetische Systeme dieser Art widerstehen Veränderungen in der Genhäufigkeit, die durch zeitweilige Umweltbedingungen oder durch Veränderungen in der Mutationsrate der betreffenden Gene entstanden sind. Wenn schnelle Veränderungen in den körperlichen Merkmalen einer Bevölkerung beobachtet werden, wie ein Anstieg in der Körpergröße oder verbesserte Widerstandskraft gegen Krankheiten, dann sind diese wahrscheinlich nicht auf genetische Faktoren zurückzuführen, sondern auf Umwelteinflüsse.

Die Untersuchung abgestufter Merkmale

Die genetische Erforschung abgestufter Merkmale ist ein Gebiet, auf dem eine direkte Analyse Mendelscher Verhältniszahlen nicht möglich ist. Man muß hier statistische Methoden benutzen, die auf den frühen Untersuchungen von GALTON beruhen und von FISCHER 1918 weiterentwickelt wurden. Populationen von nicht-verwandten Individuen, wie sie von Anthropologen untersucht werden, sind nur für die Festlegung der Häufigkeitsverteilung von Merkmalen von Nutzen. Der Mittelwert und das Maß der Streuung in jeder Population können berechnet werden, aber hieraus ergibt sich noch nichts über die Art der Vererbung. Um den Einfluß der Vererbung abzuschätzen, müssen zufällig gesammelte Paare von Verwandten, z. B. Eltern und Kinder oder Geschwister, untersucht werden. Die Ähnlichkeit innerhalb dieser Paare wird mit der Methode der Produkt-Moment-Korrelation bestimmt. Über einen Vergleich der Korrelationskoeffizienten für Eltern- und Kind-Kombinationen oder Geschwister läßt sich leicht abschätzen, mit welchem Anteil die Vererbung an der Ausprägung des Maßes beteiligt ist. Dieser Anteil, „heritability" genannt, ist unabhängig davon, inwieweit dominante oder rezessive Gene beteiligt sind. Der zweifache Eltern-Kind-Koeffizient wird vom vierfachen Geschwister-Koeffizient abgezogen. Bei einem seltenen rezessiven letalen Merkmal, z. B. wird es nie betroffene Eltern geben, der Eltern-Kind-Koeffizient beträgt also 0. Das 1 : 4-Verhältnis in unbetroffenen Geschwisterreihen führt zu einem Geschwisterkoeffizient von etwa 1/4. Daraus folgt, daß die Heritability-Schätzung 4 mal 1/4 minus 2 mal 0 beträgt, also 1. Das heißt, daß das untersuchte Merkmal ausschließlich erblich ist.

Der besondere Wert der Korrelationsberechnung ist seine Anwendbarkeit für abgestufte oder quantitative Merkmale. Nicht viele Merkmale sind auf diese Weise gründlich untersucht worden. Ein Beispiel soll an der Untersuchung der Fingerabdrücke genommen werden. Eine Methode, die Leisten aller zehn Finger zu addieren, führt zu einer Gesamtzahl, die „total ridge count" (TRC) genannt wird. Diese schwankt bei verschiedenen Menschen von 0 bis etwa 300 und kann sehr leicht bei Paaren von Verwandten untersucht werden. Die Korrelationswerte verschiedener Untersucher sind unterschiedlich, die Durchschnittswerte aus verschiedenen Quellen betragen 0,45 für 1924 Eltern-Kind-Paare und 0,44 für 1984 Geschwisterpaare. Demnach beträgt die Heritability, die gewöhnlich als h^2 bezeichnet wird, $4 \cdot 0,44 - 2 \cdot 0,45$, also 0,86. Aufgrund dieser Untersuchung läßt sich sagen, daß etwa sechs Siebentel der Variation des TRC durch Gene hervorgerufen werden. Diese Analyse ist reizvoll, weil sie so einfach zu einer Antwort führt, es muß aber bezweifelt werden, ob sie immer zuverlässig ist. Jedenfalls bietet sie eine brauchbare Annäherung an den wahren Sachverhalt, wenn andere Informationen nicht vorhanden sind.

IV. Gemeinsames Vorkommen von Merkmalen und Kopplung

Zusammenhang mit dem Geschlecht

Eine der charakteristischsten Besonderheiten genetischer Forschung ist die Suche nach gemeinsam miteinander vorkommenden Merkmalen, also zwei getrennt feststellbaren Erbmerkmalen, die wiederholt zusammen in Familien auftreten. Es gibt verschiedene Ursachen dafür, die sorgfältig unterschieden werden müssen. Zwei der wichtigsten Möglichkeiten solcher Verbindung betreffen das Geschlecht: *Geschlechtseinfluß*, manchmal Geschlechtsbegrenzung genannt, und *Geschlechtsgebundene Vererbung*.

Geschlechtseinfluß besagt, daß sich das fragliche Merkmal bei Männern und Frauen verschieden ausprägt, weil seine Manifestation durch die körperlichen Besonderheiten der Geschlechter beeinflußt wird. So wird z. B. die Körpergröße vom Geschlecht beeinflußt, denn Männer sind im Durchschnitt größer als Frauen. Diese Erscheinung muß von der geschlechtsgebundenen Vererbung unterschieden werden. Diese bezieht sich auf Merkmale, die durch Gene auf den Geschlechtschromosomen bedingt werden. Die beiden Arten der Kopplung sind in praktischen Fällen manchmal schwer zu unterscheiden, obgleich sie theoretisch völlig verschieden sind.

Kehren wir noch einmal zur Abbildung 11 (S. 34) zurück, so stellen wir fest, daß die Deformität bei Männern und Frauen mit ungefähr gleicher Häufigkeit vorkommt. Der ganze Stammbaum enthält 56 befallene Personen, von denen 27 Männer und 17 Frauen sind. Von zwölf Personen ist das Geschlecht unbekannt. Unter den Geschwistern und Kindern sind 23 gesunde Männer, 18 gesunde Frauen und vier mit unbekanntem Geschlecht. Es findet sich also ein allgemeines Überwiegen von Männern in diesem Stammbaum. Dies gilt in fast gleicher Weise für die befallenen und für die gesunden Mitglieder. Es gibt hier also keinen Zusammenhang und deshalb weder einen Einfluß noch eine Koppelung zwischen dem Merkmal Ektrodaktylie und dem

Geschlecht. Wir wollen uns unter diesem Gesichtspunkt weitere Stammbäume ansehen.

Die Familie in der Abbildung 1 (S. 7) enthält sechs farbenblinde Personen, und es ist zu bemerken, daß fünf von den sechs Befallenen Männer sind. Dies ist aber ein etwas ungewöhnlicher Stammbaum, denn Farbenblindheit ist in der allgemeinen Bevölkerung bei Männern ungefähr dreißigmal häufiger als bei Frauen. Sie steht also in sehr engem Zusammenhang mit dem männlichen Geschlecht. Dies ist aber nur ein Teil der Sache. Wie schon in einem früheren Kapitel erwähnt, wird das Leiden gewöhnlich durch nichtbefallene Mütter übertragen. Solche weiblichen Träger geben es auf ungefähr die Hälfte ihrer Söhne weiter. Dieselbe Art der Weitergabe wurde schon sehr frühzeitig bei der Bluterkrankheit beobachtet. Diese Krankheit gibt es nur im männlichen Geschlecht. Den unglücklichen Kranken fehlt eine Substanz, die für die normale Gerinnung des Blutes notwendig ist. Wenn sie sich geschnitten oder gequescht haben, können sie für lange Zeit nach außen oder innen bluten, und eine normalerweise nur unbedeutende Verletzung kann sich bei ihnen als verhängnisvoll erweisen. Obwohl sie selten ist, erregte diese Krankheit großes Interesse, weil sie bei einem jung verstorbenen Sohn der Königin Viktoria auftrat. Außerdem wurde sie über zwei ihrer nichtbefallenen Töchter auf deren Söhne und Enkel weitergegeben, von denen einer Zar von Rußland, ein anderer König von Spanien hätte werden können.

Das Prinzip der geschlechtsgebundenen Vererbung

Die Art der Vererbung von Bluterkrankheit (Hämophilie) und von Farbenblindheit ist so auffällig, daß sie schon bekannt war, bevor man ihre Ursache verstehen konnte. Zuerst wurde sie als Beispiel von Geschlechtsbeeinflussung gedeutet. Die richtige genetische Erklärung gab erst E. B. WILSON (1911), ein amerikanischer Biologe, der erkannte, daß diese Merkmale von Genen verursacht werden, die auf dem Chromosomenpaar liegen, das das Geschlecht bestimmt. Sie wurden deshalb geschlechtsgebunden genannt.

Die Bestimmung des Geschlechts erfolgt beim Menschen wie bei allen Säugetieren durch ein Chromosomenpaar. Die Frauen haben zwei sogenannte *X-Chromosomen*, die Männer nur eins, aber ihr Satz wird durch den Besitz eines *Y-Chromosoms*, das die Frauen nicht haben, wieder vervollständigt. Das männliche XY-Paar kann gut in teilenden Spermatiden beobachtet werden, wie in Abb. 5 (S. 20) zu sehen ist. Alle anderen Chromosomen heißen *Autosomen;* von ihnen gibt es 22 Paare.

Barr-Bodies

Infolge des Unterschieds in den Chromosomen sind die Zellen weiblicher Individuen oft von denen männlicher Individuen unterscheidbar, sogar in ihrem Ruhestadium. Wie M. L. BARR zuerst entdeckt hat, zeigen Zellen aus der Haut von Frauen in geeignet präpariertem und gefärbtem Zustand eine kleine Verdichtung am Rande ihres Kerns, die in männlichen Zellen nicht gefunden wird. Bei anderen Körperzellen, sogar bei weißen Blutzellen, wurde nachgewiesen, daß sie eine entsprechende Besonderheit aufweisen. Man glaubt, daß dies eine direkte Folge des für weibliche Zellen charakteristischen XX-Paares ist. Anscheinend ist nur ein genetisch aktives X-Chromosom notwendig, um die Funktion der Zelle aufrechtzuerhalten. Sein Partner liegt als sog. Barr-Body an der Zellperipherie und hat an den Vorgängen wenig teil. Als Folge dieser Entdeckung können die Geschlechtschromosomen einer jeden Person ungeachtet ihrer körperlichen Beschaffenheit untersucht und klassifiziert werden. Dies hat auf verschiedene Weise eine Bedeutung. Es gibt tatsächlich einen äußerst seltenen, wahrscheinlich durch ein einzelnes Gen verursachten Zustand, bei dem das Individuum äußerlich vollständig weiblich ist, obgleich innerlich Hoden und nicht Ovarien vorliegen. Die Zellen enthalten bei einem solchen Fall keine Barr-Bodies und, wie bei normalen Männern, ein X-Chromosom und ein Y-Chromosom.
Daneben gibt es eine Reihe von seltenen Störungen, in der Größenordnung etwa 1 von 1000 Geburten, die mit numerischen Aberrationen der Geschlechtschromosomen einhergehen. Gelegentlich werden Mädchen mit einem X-Chromosom und ohne Y-Chromosom geboren. Sie sind kleinwüchsig, meist gesund, aber häufig mit Mißbildungen der Kreislauforgane behaftet und unfruchtbar. Dieses Merkmal wird Turner-Syndrom genannt. Viele Betroffene sterben in frühen Phasen der Embryonalentwicklung. Im Gegensatz hierzu gibt es aber Frauen mit zu vielen X-Chromosomen, drei, vier oder fünf. Die meisten der Frauen mit drei X-Chromosomen sind körperlich normal entwickelt und können normale Kinder haben. Ihre Zellen enthalten zwei Barr-Bodies. Manchmal sind sie schwachsinnig, aber Frauen mit mehr als drei X-Chromosomen und dementsprechend mehr als zwei Barr-Bodies sind praktisch immer hochgradig schwachsinnig. Auch bei Männern kommen ähnliche Syndrome in überraschend vielfältiger Form

vor. Bei dem sogenannten Klinefelter-Syndrom haben die Betroffenen ein zusätzliches X-Chromosom. Sie weisen gewisse feminine Züge auf, u. a. eine hohe Stimme, fehlende Kinn- und Brustbehaarung. Da die Geschlechtschromosomenkonstellation XXY ist, haben ihre Zellen ein Barr-Body. Es sind auch Männer mit drei oder vier X-Chromosomen neben dem Y-Chromosom beschrieben worden, die dann zwei oder drei Barr-Bodies haben. Alle diese Männer sind unfruchtbar und häufig geistig retardiert.

Das Geschlechtsverhältnis

Die Regel ist, daß die Väter entweder ihr X-Chromosom oder ihr Y-Chromosom auf ihre Kinder weitergeben, die außerdem alle ein X-Chromosom von ihren Müttern erhalten. Deshalb ist die Hälfte einer durchschnittlichen Geschwisterschaft männlich, XY, die Hälfte weiblich, XX. Das gelegentliche Auftreten von Serien vieler Jungen oder vieler Mädchen ist wahrscheinlich fast ausschließlich vom Zufall bedingt. Zu dieser Frage sind viele Befunde gesammelt worden, aber bis jetzt hat noch niemand überzeugend nachgewiesen, daß Serien von Jungen oder Mädchen häufiger vorkommen, als nach der statistischen Theorie der zufälligen Stichproben zu erwarten gewesen wären.

Das Geschlechtsverhältnis bei der Geburt ist allerdings nicht genau eins zu eins. Die Knaben übertreffen die Mädchen um ungefähr zwei Prozent. Der Grund dafür ist unbekannt. Andererseits werden Jungen häufiger tot geboren als Mädchen oder sterben in früher Kindheit, vielleicht zum Teil wegen der größeren Häufigkeit von geschlechtsgebundenen Anomalien, die ja vor allem die Jungen befallen. Wahrscheinlich fällt also das ursprüngliche Geschlechtsverhältnis der ungeborenen Kinder noch stärker zugunsten des männlichen Geschlechtes aus. Man hat geschätzt, daß kurz nach der Befruchtung ungefähr 60 männliche auf 40 weibliche Früchte entfallen. Es gibt Beweise dafür, daß als erste Kinder, wenn die Eltern noch jung sind, mehr Knaben geboren werden, unter späteren Kindern dagegen mehr Mädchen. Dieser Unterschied ist aber nur im Bevölkerungs-Durchschnitt feststellbar und viel zu gering, um eine praktische Bedeutung zu haben.

Untersuchung von Stammbäumen mit geschlechtsgebundenem Erbgang

Wenn wir uns nun noch einmal der Abb. 1 (S. 7) zuwenden, dann kann der ganze Stammbaum genau erklärt werden. Abb. 22 zeigt die

Lösung. Mr. J. Scotts Vater hatte ein X-Chromosom mit einem Gen für Farbenblindheit. Wir wollen dieses Chromosom X_1 nennen. Mr. Scotts Mutter hatte einen farbenblinden Bruder, der ein X-Chromosom mit einem anderen Gen für Farbenblindheit besaß, das wir X_2 nennen können. Die Mutter von M. Scott trug dieses X_2 zu-

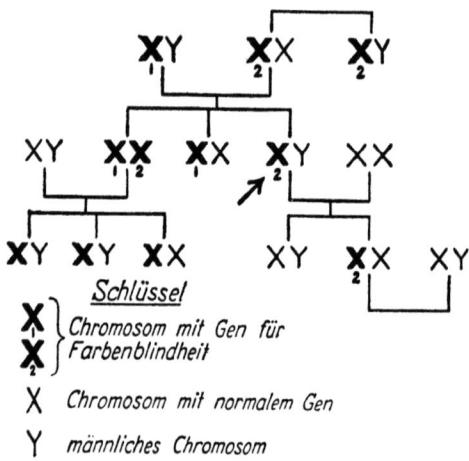

Abb. 22. Genetische Analyse des Stammbaums mit Farbenblindheit der Abb. 1

sammen mit einem gewöhnlichen normalen X-Chromosom. Die drei Kinder in der zweiten Reihe des Stammbaums sind damit erklärt. Die unbefallene Tochter hat vom Vater das X_1 bekommen, aber das normale X von der Mutter. Wie ihre Mutter ist sie eine Überträgerin des Farbenblindheit-Gens, aber selbst nicht von dem Leiden befallen. Wie bei rezessiven Genen auf den Autosomen kann ein weiblicher Träger solch eines geschlechtsgebundenen Merkmals gelegentlich leichte Krankheitszeichen haben. Wenn ein Defekt im Farbensehen bei einem weiblichen Träger auftritt, ist er gewöhnlich so gering, daß er nur durch besondere Untersuchung entdeckt werden kann. Es muß erwähnt werden, daß eine mögliche Kombination, ein normales X von der Mutter mit dem Y vom Vater, hier nicht aufgetreten ist; es hätte einen normalsichtigen Sohn ergeben.

Mr. Scott selbst hat sein Farbenblindheits-Gen von seiner Mutter erhalten. Es muß auf einem X_2-Chromosom, nicht auf einem X_1-Chromosom gelegen haben. Da seine Frau wahrscheinlich normale XX hatte, war sein Sohn, XY, frei von dem Leiden. Seine Tochter muß dagegen sein X_2-Chromosom erhalten haben. Mr. Scotts andere Schwester, die wie er selbst farbenblind war, muß die beiden abarti-

gen Chromosomen ihrer Eltern erhalten haben und kann als X_1X_2 eingestuft werden. Man kann nicht feststellen, ob sie homozygot war oder nicht, denn die beiden Gene auf X_1 und X_2 könnten ein klein wenig unterschiedlich gewesen sein. Es sind tatsächlich mehrere leicht unterschiedliche Typen von Farbenblindheit bekannt, einige schränken die Fähigkeit, rot zu sehen ein, andere die, den grünen Teil des Spektrums zu sehen. Eine Frau mit zwei Farbenblindheits-Genen zeigt jedoch mit ziemlicher Wahrscheinlichkeit einen Defekt, ob es nun genau dieselben Gene sind oder nicht. Wir wissen schließlich, daß ihre zwei Söhne und ihre Tochter jeweils entweder das X_1-Chromosom oder das X_2-Chromosom erhalten haben, doch wissen wir nicht genau welches. Die Tochter, X_1X, war unbefallen, weil sie von ihrem Vater das normale X-Chromosom erhalten hatte. Dies enthielt das Allel, das sie mit dem notwendigen chemischen Mechanismus versorgt hat, um alle Farben richtig zu sehen. Ein normales Y-Chromosom ist dazu nicht in der Lage.
Obgleich durch das auffällige Bild eines Stammbaumes mit einer geschlechtsgebundenen Anomalie dieser Vererbungstyp schon von frühen Beobachtern erkannt worden ist, sind Beispiele dafür nicht häufig. Wenn wir alle bekannten Erbmerkmale, die auf ein einzelnes Gen zurückgehen, zusammenstellen, finden wir geschlechtsgebundene Merkmale nicht häufiger als etwa eins unter 20. Sie sind also nicht häufiger als zu erwarten wäre, wenn sie nur auf einem Chromosom unter 23 gleich langen Chromosomen liegen. Geschlechtsgebundene Gene spielen auch bei der genetischen Bestimmung abgestufter Merkmale eine Rolle. Wie L. HOGBEN zuerst gezeigt hat, neigen sie dazu, die durch die Korrelation gemessene Ähnlichkeit zwischen Müttern und Söhnen sowie zwischen Vätern und Töchtern zu erhöhen. Sie vermindern aber die Ähnlichkeit zwischen Vätern und Söhnen beträchtlich, ohne die üblichen Ähnlichkeiten zwischen Müttern und Töchtern zu beeinflussen. Der Beitrag der geschlechtsgebundenen Komponenten zur Körpergröße, wie auch ihr Beitrag zu den meisten bis jetzt untersuchten meßbaren Merkmalen, ist so gering, daß er mit den gegenwärtigen Methoden der statistischen Analyse nicht nachgewiesen werden kann. Er geht in den entsprechenden Wirkungen von Genen auf den Autosomen unter. In der Augenfarbe kann er allerdings zu erkennen sein, wie O. WINGE nachgewiesen hat. Er hat bei den Kindern die Neigung festgestellt, sich in bezug auf dieses Merkmal nach dem gegengeschlechtlichen Elternteil zu richten.

Mutation geschlechtsgebundener Gene

Neben dem auffallenden Typ des Stammbaummusters haben die geschlechtsgebundenen Gene noch eine besondere Bedeutung für die Humangenetik. Vor allem liefern sie Informationen über die Art der Vererbung des Geschlechts, die ähnlich wie bei anderen Tieren ist. Weiterhin geben sie wertvolle Auskunft über den Vorgang der natürlichen Auslese und seiner Beziehung zu Mutationen. Schließlich erbrachte die Untersuchung dieses Typs von Vererbung die erste wirkliche Messung von genetischer Kopplung oder Lokalisation zweier Gene auf demselben Chromosom.

Die Auswertung geschlechtsgebundener Krankheiten für die Mutationsforschung beim Menschen begann mit der Arbeit von J. B. S. HALDANE über die Hämophilie oder Bluterkrankheit. Da diese Krankheit zu einer hohen Sterblichkeitsrate führt, haben die daran Leidenden in der Regel nicht so viele Kinder wie gesunde Leute. Es gibt verschiedene Schätzungen, doch glaubt man allgemein, daß die relative Fruchtbarkeit der Hämophilen, das ist die biologische Tauglichkeit im Darwinschen Sinne, ungefähr ein Viertel der normalen beträgt. HALDANE konnte die Rate der natürlichen spontanen Mutationen des Hämophilie-Gens beim Menschen berechnen, indem er berücksichtigte, daß Frauen, die das krankhafte Gen tragen, unbefallen sind, wenn sie auch in manchen Fällen eine geringe Verlängerung der Blutgerinnungszeit haben können. Er machte die Annahme, daß der Verlust solcher Gene infolge der von ihnen verursachten Untauglichkeit durch Neumutationen ausgeglichen werde. Wenn nicht genügend Neumutationen ständig wieder entstehen würden, wäre das Merkmal schon lange ausgestorben. HALDANE hat geschätzt, daß in jeder Generation von 1 000 000 normalen Genen am Hämophilie-Locus 20 sich in Gene verwandeln oder mutieren, die Hämophilie verursachen. Dies ist, verglichen mit den spontanen Mutationsraten niederer Tiere, ein ziemlich hoher Wert, aber in Anbetracht der ungleich viel längeren Lebensdauer und Generationszeit des Menschen bedeutet dies nicht, daß menschliche Gene weniger stabil sind als Gene niederer Tiere. Wie schon erwähnt, sind seit HALDANEs Berechnung viele weitere Schätzungen für andere Gene und andere Loci vorgenommen worden, doch die Hämophilie bleibt das klassische Beispiel.

In einigen Familien kann man den Zeitpunkt bestimmen, zu dem eine geschlechtsgebundene Mutation wahrscheinlich stattgefunden hat, allerdings mit geringerer Genauigkeit als bei dominanten Merkmalen. In der königlichen Familie nimmt man z. B. an, daß die Mutation bei einem der Eltern von Königin Viktoria stattgefunden hat, denn unter ihren Vorfahren und Verwandten ist kein Fall von Hämophilie bekannt geworden. Man sollte hier vielleicht erwähnen, daß die Bluterkrankheit nicht über König Eduard VII. auf die jetzt regierende Linie übertragen sein kann, da er gesund war, und da die Krankheit sich bei allen Männern zeigt, die das Gen besitzen.

Einige von HALDANEs ursprünglichen Schlüssen bezüglich der Hämophilie müssen wahrscheinlich revidiert werden, weil in letzter Zeit mehrere verschiedene Typen abgetrennt worden sind. Die Häufigkeit und vermutlich auch die Mutationsraten dieser Varianten sind unterschiedlich. Es gibt Anhaltspunkte dafür, daß die verschiedenen Formen der Hämophilie nicht allel sind, d. h., daß sie auf Mutationen an verschiedenen Orten des X-Chromosoms beruhen. In einer der Familien mit zwei verschiedenen Hämophilieformen wurden beide bei ein und demselben Individuum beobachtet.

Daneben gibt es andere geschlechtsgebundene vererbte Merkmale, bei dem die Betroffenen biologisch weniger fit sind, und auch bei diesen muß genau wie bei der Hämophilie eine Mutation verantwortlich gemacht werden. Ein Beispiel ist der schwere Typ der Muskeldystrophie, der Duchenne-Typ, der Knaben befällt und immer tödlich endet. Brüder können ebenfalls betroffen sein, niemals jedoch Eltern. Die Krankheit würde auch aussterben, wenn nicht der Vorrat abnormer Gene durch Neumutationen immer wieder Nachschub erhielte. Man kann errechnen, daß etwa $1/3$ aller abnormer Gene in jeder Generation auf Neumutationen beruht. Die Berechnung ergibt, verglichen mit der bei niederen Organismen, eine recht hohe Mutationshäufigkeit. Eine mögliche Erklärung wäre, daß unter dieser Diagnose in Wirklichkeit mehrere sehr ähnliche Krankheitseinheiten zusammengefaßt werden.

Echte genetische Kopplung

Bisher wurde noch nicht erwähnt, daß Gene auf demselben Chromosomenpaar eine Beziehung zueinander haben, die als *genetische Kopplung* bezeichnet wird. Während des Reifungsprozesses der Keimzellen kann zwischen den sich entsprechenden Chromosomenpaaren etwas eintreten, das „*crossing over*" genannt wird. Es besteht in der Neuordnung von Allelen. Wenn zwei Loci dicht beieinanderliegen, werden sie weniger leicht getrennt, wie in der Tabelle 3 zu sehen ist. Als Folge davon findet sich in den Stammbäumen eine besondere Art der Verbindung von Merkmalen, die von eng zusammenliegenden Genen verursacht werden. Wenn die Gene für zwei Merkmale auf dem Chromosom dicht nebeneinanderliegen, ist der Kopplungseffekt in den Stammbäumen ausgeprägt, wenn sie aber weit auseinanderliegen, ist dieser Effekt nur schwer zu beobachten. Bei der experimentellen Zucht niederer Organismen sind genetische Kopplungsstudien in großem Umfang ausgeführt worden. Beim Menschen bietet aber die Kleinheit der Familien und die Zufälligkeit der Ehen besondere Probleme, von denen manche sehr reizvolle mathematisch-statistische Überlegungen erfordern.

Tabelle 3. Veranschaulichung der chromosomalen Vorgänge bei der Vermehrung an Hand eines einzelnen homologen Paares

I. Ruhestadium	II. Nach Gametenbildung	III. Nach Befruchtung
Homologe Chromosomenpaare in den elterlichen Zellen 1. Chromosom, von seinem (oder ihrem) Vater ererbt 2. Chromosom, von seiner (oder ihrer) Mutter ererbt	Typische Chromosomen in reifen Keimzellen (Gameten) Die genetische Substanz ist halbiert	Homologes Chromosomenpaar beim Kind 1. Vom Vater ererbtes Chromosom 2. Von der Mutter ererbtes Chromosom
Vater 1. $A B c d e F$ 2. $a b c D E F$	Spermium $A B c$ $D E F$	Kind 1. $A B c D E F$ 2. $a b C d E f$
Mutter 1. $a b c D e F$ 2. $a b C d E f$	Eizelle $a b C d E f$	
Der Vater ist homozygot für die Gene c und F, die Mutter für a, b und f	„Rekombination von Genen im Chromosom des Spermiums, wo „crossing over" stattgefunden hat (s. S. 71)	Die benachbarten Gene AB und DE sind nicht getrennt worden

Das erste praktische Ergebnis war die Schätzung der Enge der Kopplung zwischen Farbenblindheit und Hämophilie. Die Tatsache, daß zwei Loci, die beide mit geschlechtsgebundenen Genen auf dem X-Chromosom zusammenhängen, auch untereinander gekoppelt sein müssen, ließ viele Forscher nach Familien suchen, in denen sowohl Farbenblindheit als auch Bluterkrankheit vorkam. Sie hofften eine Form von Anziehung oder Abstoßung zwischen den beiden Genen zu finden, das heißt irgendwelche positive oder negative Verbindung innerhalb der Familien. C. B. DAVENPORT konnte eine ziemlich große

Familie finden, in der Männer, die an der einen Krankheit litten, gewöhnlich die andere ebenfalls hatten. J. B. S. HALDANE und C. A. B. SMITH faßten alle bekannten Beispiele zusammen und berechneten, daß die Häufigkeit von crossing over zwischen den betreffenden beiden Loci 14% beträgt. Das bedeutet, daß, wenn die beiden Gene auf demselben mütterlichen X-Chromosom liegen, sie gewöhnlich auch zusammen bleiben. Bei 14% der Nachkommen werden sie aber getrennt auftreten.

Unter den Genen des X-Chromosoms produziert eines einen Antikörper der roten Blutkörperchen, Xg genannt. Aus Untersuchungen über seine Vererbung mit anderen geschlechtsgebundenen Merkmalen in verschiedenen Stammbäumen und entsprechenden Berechnungen von Kopplungsraten ließ sich schließen, daß der Xg-Locus nahe am Ende des kurzen Armes des X-Chromosoms liegt. Die Loci für Hämophilie und Farbenblindheit liegen in der Gegend um das Zentromer.

Das Y-Chromosom

Die Besonderheit bei geschlechtsgebundenen Genen ist, daß sie nur auf dem X-Chromosom liegen und daß anscheinend nur zwischen den beiden X-Chromosomen der Frau crossing over vorkommt. Theoretisch wäre es möglich, daß Teile des X- und Y-Chromosoms Gene austauschen. Dies wird partielle Geschlechtsgebundenheit genannt, und HALDANE hat herausgearbeitet, welche Folgen dieser Vorgang in der Humangenetik hätte. Bis jetzt ist der Beweis, daß es so etwas tatsächlich gibt, nicht überzeugend. Wir erwarten also von den Genen auf dem Y-Chromosom eine besondere Art der Vererbung. Im Gegensatz zu den X-chromosomalen Genen haben sie keinen entsprechenden Partner, denn Männer haben nur ein Y, und es ist zweifelhaft, ob es sich mit dem einzelnen X, das ebenfalls beim Mann vorhanden ist, verbinden kann, um Gene auszutauschen. Diese einsamen Gene auf dem Y-Chromosom würden Merkmale bestimmen, die ausschließlich in der männlichen Linie von einem befallenen Vater auf alle seine Söhne vererbt wurden. In der Vergangenheit sind viele Fälle solcher Vererbung beschrieben worden, aber keiner von ihnen hat bis jetzt einer genauen Nachuntersuchung standgehalten. Die Lambert-Familie ist z. B. oft in Lehrbüchern aufgeführt worden, doch der klassische Stammbaum ist ziemlich ungenau. Die Irrtümer sind entstanden, weil einige männliche Mitglieder der Familie, deren Haut mit borstigen Auswüchsen bedeckt war, sich zur Schau gestellt haben, um damit ihren Lebensunterhalt zu verdienen, und dabei die familiäre Belastung überbetont haben. Die richtige Form des Stammbaums ist in der Abb. 23 der klassischen gegenübergestellt. Dies zeigt, daß große Vorsicht geboten ist, bevor ein Beweis vom Hörensagen als genetisch gesichert betrachtet werden darf. Der neue Stammbaum würde natürlich als typisches Beispiel eines dominanten Merkmals erklärt werden, das vielleicht in der ersten Generation als Neumutation entstanden ist. In dieser Familie findet sich eine etwas ungewöhnlich große Zahl von befallenen Männern. In anderen Familien befällt aber dieselbe Krankheit Frauen mindestens so häufig wie Männer. Trotzdem besteht anscheinend eine allgemeine Neigung der Männer,

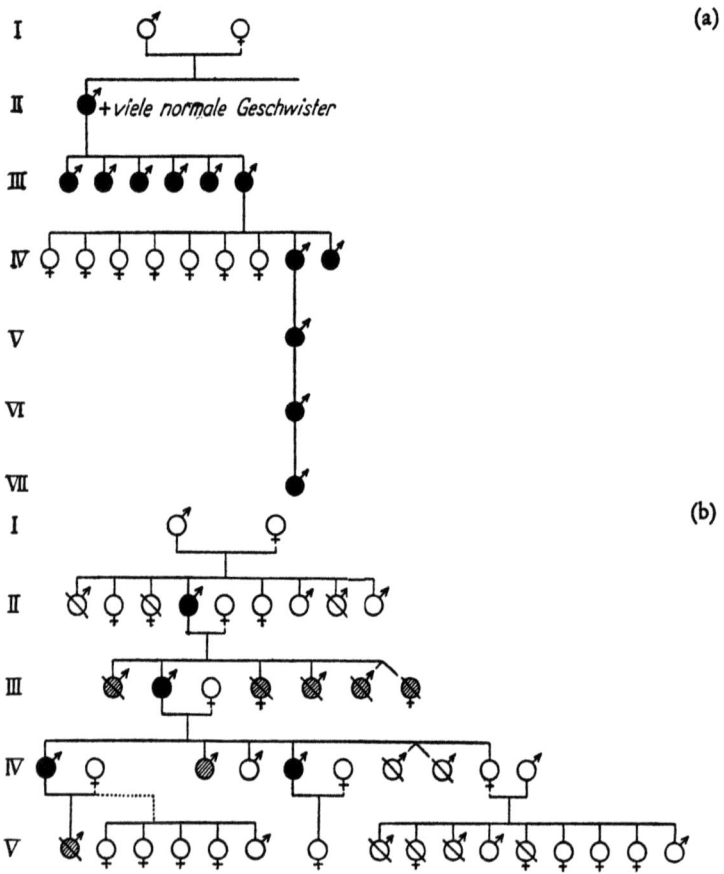

Abb. 23 a u. b. Stammbaum mit „Stachelschweinhaut" in der Lambert-Familie. (a) Klassischer Stammbaum, (b) überarbeiteter Stammbaum (nach PENROSE und STERN, 1958)

Schlüssel: ● schwarzer ausgefüllter Kreis: sicher befallen
● grauer ausgefüllter Kreis: wahrscheinlich befallen
∅ Kreis mit Schrägstrich: als Kind verstorben

die „Stachelschweinhaut"-Krankheit deutlicher ausgeprägt als bei den Frauen zu zeigen, obgleich beide Geschlechter dasselbe Gen haben (das nicht auf dem X- und nicht auf dem Y-Chromosom liegt). Wie schon erwähnt, wird dieser Typ von Geschlechtsunterschied Geschlechtsbeeinflussung genannt, um ihn von der Geschlechtsgebundenheit zu unterscheiden.

Das Y-Chromosom legt fest, daß das betroffene Individuum männlich ist, darüber hinaus haben seine Gene anscheinend keine Bedeutung. Die Länge des Y-Chromosoms ist bei verschiedenen Männern verschieden, ohne daß damit irgendeine erkennbare Wirkung verbunden ist. In allen Zellen kann das Y-Chromosom während der Ruhephase durch Fluoreszenz-Färbung erkannt werden. Dabei ähnelt es etwa dem inaktiven X-Chromosom. Manche Autoren nehmen sogar an, daß es in den meisten Zellen eine Art kleinen Barr-Body bildet. Es gibt eine Situation, in der das Y-Chromosom eine seltsame Rolle spielt, nämlich bei Männern, die in ihren Zellen zwei oder in sehr seltenen Fällen drei Y-Chromosomen haben. Dies kommt rein zufällig bei einem von 1000 Männern vor und ist damit etwas häufiger als andere Geschlechtschromosomenabnormitäten. Männer mit dem Chromosamensatz XYY sind in der Regel auffallend groß. Die Durchschnittsgröße der Erwachsenen liegt bei über 180 cm. Sie sind körperlich normal entwickelt, aber, ähnlich wie bei anderen Geschlechtschromosomenabnormitäten, häufig geistig unterentwickelt. Gelegentlich neigen sie zu grundlosen aggressiven Reaktionen und dies, zusammen mit der Körpergröße und der geringen Intelligenz, bringt einige von ihnen in Konflikt mit dem Gesetz. Die Betroffenen werden in der Tat relativ etwa zehnmal so häufig in Gefängnissen oder Anstalten für gefährliche Personen angetroffen als normale XY-Männer. Neben den XYY-Männern gibt es auch solche, die außerdem ein zusätzliches X-Chromosom haben. Unter diesen seltenen Varianten des Klinefelter-Syndroms wurden XXYY-, XXXYY- und XXYYY-Konstellationen beschrieben. Diese Männer haben keine Neigung zu Gewalttaten. Möglicherweise wird ihre durch das zusätzliche Y-Chromosom bedingte vermehrte männliche Aggression durch einen beruhigenden Effekt der zusätzlichen X-Chromosome ausgeglichen.

Geschlechtsbeeinflussung autosomal erblicher Merkmale

Das Standardbeispiel für ein vom Geschlecht beeinflußtes Merkmal ist die vorzeitige Kahlköpfigkeit. Dieses Merkmal kommt fast ausschließlich bei Männern vor, ist aber weder geschlechtsgebunden, wie

Farbenblindheit oder Hämophilie, noch geht es auf ein Gen des Y-Chromosoms zurück. Die Anomalie wird entweder durch befallene Männer oder durch unbefallene Frauen übertragen. Das heißt, ein glatzköpfiger Vater überträgt diese Eigenschaft mit einer Wahrscheinlichkeit von eins zu eins auf seine Söhne, seine Töchter werden mit einer ähnlichen Wahrscheinlichkeit unbefallene Trägerinnen sein. Diese Geschlechtsbegrenzung wird durch die Wirkung der weiblichen Geschlechtshormone auf die Haare bedingt. Frauen haben natürlicherweise ein volleres Wachstum der Kopfhaare als Männer. Dies ist ein Teil des allgemeinen körperlichen Ausdrucks von Weiblichkeit, wie etwa auch das relative Fehlen von Haaren am übrigen Körper. Frühzeitig kahlköpfige Männer haben also die Befriedigung, daß dieser Mangel ein Beweis ihrer Männlichkeit ist, besonders, wenn der Haarwuchs an den übrigen Körperstellen ausgeprägt ist.

Es gibt natürlich sehr viele verschiedene Wege, über die Gene unterschiedliche Wirkungen bei beiden Geschlechtern zeigen können. Die Gene, die die Körpergröße beeinflussen, haben z. B. bei den Frauen eine etwas geringere Gesamtwirkung als bei den Männern. Die Größe des Kopfes ist bei den Frauen auch geringer, und dies hat unter unkritisch denkenden Leuten zu der Annahme geführt, daß Frauen aus diesem Grund weniger intelligent als Männer seien. Zugegeben, das durchschnittliche weibliche Gehirn wiegt auch weniger als das durchschnittliche männliche Gehirn, aber wenn man, wie K. PEARSON verdeutlicht hat, das geringere Körpergewicht der Frauen bedenkt, ist das Gehirn im Durchschnitt relativ ebenso groß wie das des Mannes, wenn nicht sogar größer. Die Kopfgröße, vor allem durch Längen- und Breitenmessung bestimmt, ist stark erblich, genau wie die Körpergröße und sogar das Gewicht. Es ist aber klar, daß Gene nicht die einzigen Faktoren bei der Bestimmung dieser Maße sind. Folgerungen, die ihre Genetik betreffen, dürfen also nur im Durchschnitt als gültig betrachtet werden und nicht in jedem speziellen Fall als unbedingt richtig.

Autosomale Kopplung

Die Messung genetischer Kopplung läßt sich bei Merkmalen, von denen bekannt ist, daß sie auf denselben Chromosomen liegen, wie in dem Fall zweier geschlechtsgebundener Merkmale, ziemlich direkt vornehmen. Das wirkliche Problem bei dem Versuch, die Loci der menschlichen Gene zu ordnen, betrifft die 22 Autosomenpaare. Man kam hier nur sehr langsam voran, und bis 1950 war keine autosomale Kopplung bekannt. 1959 kannte man bereits mindestens drei Grup-

pen autosomaler Loci, die dicht zusammen auf drei verschiedenen Chromosomen liegen, denn Familienuntersuchungen haben gezeigt, daß sie gekoppelt sind. Die eine betrifft zwei Merkmale, die durch Blutgruppen-Untersuchungstechniken entdeckt worden sind. Das eine ist ein seltenes Antigen, das andere eine als „Sekretor" bezeichnete Eigenschaft, bei welcher die A- und B-Substanzen im Speichel ausgeschieden werden können. Außer der Tatsache, daß diese beiden Loci mit Immunologie zu tun haben, gibt es keinen auffallenden Zusammenhang zwischen ihren Wirkungen. J. Mohrs Entdeckung, daß sie gekoppelt sind, war das Ergebnis sorgfältiger Familienuntersuchungen. Niemand hätte die Antwort im voraus errechnen oder erraten können. Dasselbe gilt für andere gesicherte Beispiele autosomaler Kopplung beim Menschen. Der Nachweis von Sylvia Lawler und Mitarbeitern, daß der Locus des Rhesus-Faktors und der Locus eines Gens, das seine Besitzer ovale rote Blutkörperchen an Stelle normaler runder haben läßt (Elliptozytose), gekoppelt sind, hätte ebenfalls nicht vorausgesagt werden können. Das dritte Beispiel ist die Kopplung zwischen dem ABO-Blutgruppen-Locus und einer sehr seltenen Anomalie, Nagel-Patella-Syndrom genannt (kurz NPS), bei welchem die Finger- und Zehennägel stark verkleinert sind oder fehlen können. Außerdem ist die Kniescheibe (Patella) zu klein, und an den Ellenbogen und dem Becken können Knochenabnormitäten auftreten. Der Beweis dieser Kopplung durch J. H. Renwick und seine Mitarbeiter erforderte, wie bei allen sorgfältigen Beobachtungen in der Humangenetik unvermeidlich ist, sehr umfangreiche Arbeit und das Zusammenwirken einer gutgeschulten Arbeitsgruppe.
Ein Ausschnitt aus einem der Stammbäume ist in Abb. 24 zu sehen. In dieser Familie hatte der Vater die Blutgruppe 0 und war nicht befallen; die Mutter dagegen, die das Nagel-Patella-Syndrom aufwies (in Abb. 20 durch einen Punkt dargestellt), hatte Blutgruppe B. Aus den Blutgruppen ihrer Kinder ist zu erschließen, daß sie den Genotyp *BO* gehabt haben muß. Das war für die Untersuchung günstig. Wenn hier der Vater, nicht die Mutter, befallen gewesen wäre, hätte man von dieser Familie wenig Auskunft über Kopplung erhalten können. So aber wissen wir, daß die Mutter, wenn die Loci für NPS und ABO auf demselben Chromosomenpaar liegen, das *NPS*-Gen entweder auf dem Chromosom hat, das das *B*-Gen trägt, oder auf dem entsprechenden Chromosom mit dem *0*-Gen. Die Untersuchung der Kinder und Enkel dieses Paares zeigt, daß das *NPS*-Gen bei der Mutter sehr wahrscheinlich auf demselben Chromosom wie das *B*-Gen liegt. Es ist in der Phase der Kopplung mit *B* und der Nicht-Kopplung mit *0*. Von den Kindern haben vier sowohl das *NPS*- als auch das *B*-Gen

erhalten, vier dagegen keines von beiden. Sie waren unbefallen und hatten die Gruppe 0. Unter diesen acht Personen haben die beiden Gene sich nicht getrennt, aber bei den übrigen drei Kindern sind sie

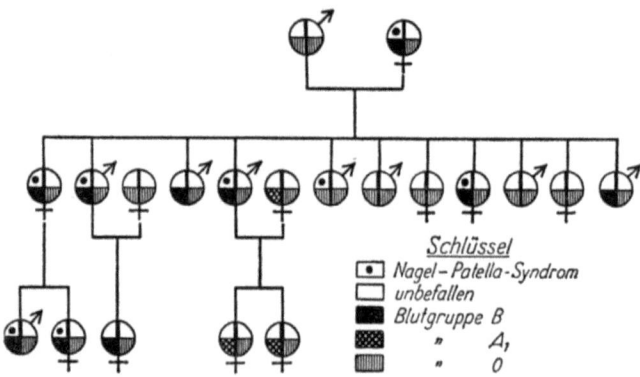

Abb. 24. Genetische Kopplung in einem Stammbaum. Der Schlüssel gibt die Gene jeder Person an zwei gekoppelten Loci an. Die rechte und die linke Hälfte des Kreises stellen homologe Chromsomen dar

getrennt aufgetreten. Es gibt ein befallenes Kind der Gruppe 0 (das fünfte Kind von links) und zwei unbefallene mit B (drittes und elftes Kind). Die Enkel tragen zu der Untersuchung auch bei. Vier von ihnen haben das *NPS-B*-Chromosom intakt geerbt. Einer von ihnen, der dritte, ist unbefallen und hat die Blutgruppe B, was zeigt, daß wieder eine Trennung stattgefunden hat. Unter den insgesamt 16 Kindern und Enkeln gab es vier Fälle oder 25%, die eine Trennung der ursprünglichen Kombination zeigten, das heißt, daß bei ihnen „crossing over" stattgefunden hat. In anderen Familien gab es, wahrscheinlich auf Grund eines Zufalls, mehr oder weniger crossing over. Genaue Berechnung ergibt, daß die durchschnittliche Häufigkeit der Trennung bei 10% liegt. Es muß betont werden, daß es keine dauernde Verbindung zwischen einem dieser Blutgruppenallele und dem Merkmal gibt, mit welchem sie genetisch gekoppelt sind. In einer Familie wird NPS vorwiegend mit B verbunden sein, aber in einer anderen kann es mit A oder 0 verbunden sein. Diese Eigenart unterscheidet die genetische Kopplung von anderen Arten der Verbindung. Wenn die Kopplung allerdings so eng ist, daß in der Praxis ein crossing over nicht beobachtet wird, weil es z. B. nur einmal unter 1 000 000 Fällen vorkommt, dann werden zwei auf diese Weise gekoppelte Merkmale immer zusammenbleiben, wenn sie einmal zusammen aufgetreten sind.

Im Laufe der Zeit wurden mehr und mehr gekoppelte Loci entdeckt, manchmal drei oder sogar vier zusammengehörige. Das Ziel der Kopplungsforschung geht dahin, die Loci auf den Chromosomen zu lokalisieren. Bei den Autosomen ist dies möglich, wenn die Chromosomen sichtbare Eigenschaften aufweisen, die sich wie Gene verhalten, also von Eltern auf die Kinder vererbt werden. Prominenz von Satelliten oder Verengungen an den Armen der Chromosomen, sogenannte sekundäre Konstriktionen, können genetische Merkmale sein, so daß ihre Kopplung mit anderen bekannten Merkmalen untersucht werden kann. Ein Ergebnis einer dieser Untersuchungen ist die Zuordnung der Duffy-Blutgruppen zum Chromosom Nr. 1. Hierzu gehören noch weitere Gene, z. B. ein Gen für verschiedene Formen der Amylase, eines Enzyms, das für die Stärkeverdauung notwendig ist, und ein Gen, das mit erblichen Augenstörungen zusammenhängt.

Das Rhesus-System

Ein Beispiel für eine vermutlich äußerst enge Kopplung beim Menschen bietet die Gruppe von Genen am *Rhesus*-Locus. Dabei sind mehrere Antigene beteiligt, die alle einander ähnlich sind. Einige verhalten sich so zueinander, daß man annimmt, die zugrunde liegenden Gene seien allel. Das erste Antigen, in Kapitel I schon kurz erwähnt, wurde 1940 von K. LANDSTEINER und A. S. WIENER bei *Rhesus*-Affen entdeckt und heißt „D". Es zeigte sich, daß 85% der menschlichen Blutproben dieses Antigen enthielten. Personen, die es besitzen, heißen *Rhesus*-positiv. Seit der Entdeckung des ABO-Antigensystems tauchte immer wieder der Verdacht auf, es könne schädlich sein, wenn Mutter und Fötus verschiedene Blutgruppen hätten. Es schien wahrscheinlich, daß durch solche Disharmonie den Föten Schaden zugefügt werden könne. Man hatte jedoch kaum einen wirklichen Beweis für diese Idee, und sogar bis heute gibt es über diese Frage Meinungsunterschiede unter Statistikern. Ganz sichere medizinische Untersuchungen haben jedoch bewiesen, daß es in seltenen Fällen schädlich für den Föten sein kann, Antigen A oder B vom Vater ererbt zu haben, wenn die Mutter zur Blutgruppe 0 gehört. Beim *Rhesus*-Antigen D ist die Lage aber viel eindeutiger, weil in einer großen Zahl von Fällen, in denen das Kind diesen Faktor vom Vater erhielt und er in der Mutter nicht vorhanden ist, das Kind schwer geschädigt wird.

Fast 16% der Mütter in England haben kein Antigen D. Sie werden als *Rhesus*-negativ bezeichnet und haben den Genotyp *dd*. Ebenfalls ungefähr 16% der Väter werden auch negativ sein, und in den rund

2% der Ehen, wo beide Partner negativ sind, gibt es keine Gefahr für das Kind. Aber die restlichen 14% der negativen Mütter haben positive Ehemänner. Bei ihnen besteht die Gefahr, Kinder mit einer schweren Neugeborenen-Gelbsucht zur Welt zu bringen. Die Gefahr ist am größten für D-negative Frauen, *dd*, deren Ehemänner für das *D*-Gen, das das Antigen D produziert, homozygot sind, also *DD*. Diese ungünstigste Situation kommt in ungefähr 6% aller Ehen vor. Jedes daraus entspringende Kind ist *Dd*, weil es von seinem Vater ein *D* erben muß, und damit unverträglich mit der Mutter (s. Anhang D, S. 131). Zum Glück entgeht jedes erste Kind fast immer der Schädigung und in der Mehrzahl der Familie, die folgenden Kinder ebenfalls. Gelegentlich entwickelt die *Rhesus*-negative Mutter jedoch aus noch nicht sicher geklärten Gründen abnorme Antikörper, die dazu neigen, die roten Blutkörperchen des Kindes während des späten Stadiums seiner vorgeburtlichen Entwicklung zu zerstören. Wenn dies eintritt, wirken die Produkte der zerstörten Zellen auf das Kind wie Gifte. Sie lassen Gelbsucht entstehen und können das Gehirn schädigen. Wenn das Kind nicht tot zur Welt kommt, dann sind die ersten Tage nach der Geburt die gefährlichsten. Es konnte nachgewiesen werden, daß sein Blut die abnormen Antikörper von der Mutter enthält. Man kann einen großen Teil seines Blutes durch das Blut eines Spenders mit derselben ABO-Blutgruppe ersetzen. Das Leben des Kindes kann dadurch gerettet werden, sogar ohne daß seine zukünftige Entwicklung beeinträchtigt wird. Im Laufe einiger Wochen ersetzt es dann selbst das Spenderblut durch sein eigenes. Eine sehr wirksame vorbeugende Behandlung gibt es auch für D-negative Mütter. Die Methode besteht darin, sie gegen D-positive Zellen zu immunisieren, die evtl. vom fetalen Kreislauf in den mütterlichen gelangen könnten. Damit läßt sich die Bildung von Antikörpern vermeiden.
In China, Japan und anderen fernöstlichen Ländern gibt es weniger *Rhesus*-negative Personen als in Europa, deshalb gibt es auch im Osten weniger Fälle von schwerer Neugeborenen-Gelbsucht. Der höchste Prozentsatz *Rhesus*-negativer Personen wurde bisher unter den Basken gefunden. Wegen der nachteiligen Wirkung durch natürliche Auslese bei Fällen von Mutter-Kind-Unverträglichkeit zeigt die gesamte Bevölkerung eine starke Neigung, entweder *Rhesus*-positiv oder *Rhesus*-negativ zu werden. Die Situation in Westeuropa, wo beide Typen häufig sind, ist vom Standpunkt der Evolution aus labil.
Die Theorie der natürlichen Selektion in bezug auf das Rhesus-System ist von HALDANE ausgearbeitet worden und bietet eine Anzahl ungewöhnlicher Phänomene. Das kommt daher, daß weder das Gen *D* für das Antigen D noch sein Allel *d*, das das Antigen nicht produziert,

als solche schädlich sind. Der Schaden entsteht nur durch die ungünstige Kombination bei Mutter und Kind.

Neben dem Antigen D gibt es noch andere, wie C, E und F, die ihm nahe verwandt sind. Es hat viele Diskussionen darüber gegeben, ob sie alle Teil eines Satzes komplexer Allele an einem Locus sind, oder ob sie zu verschiedenen Loci gehören, die so dicht nebeneinander liegen, daß niemals ein crossing over beobachtet worden ist. Da in der experimentellen Genetik viele äußerst eng verbundene Loci bekannt sind, die Gengruppen mit sehr änlichen Wirkungen beherbergen, ist die Theorie, daß es sich um mehrere Loci handelt, nicht unbedingt unwahrscheinlich. Bei der Aufstellung von Chromosomenkarten durch das Studium genetischer Kopplung beim Menschen kann die ganze Gruppe von Antigenen, C, D, E und F, als zu einem Satz von allelen Genen und nur zu einem Locus gehörig betrachtet werden.

Nicht auf Kopplung beruhendes gemeinsames Vorkommen von Merkmalen

Ebenso wie wir es nötig fanden, sorgfältig zwischen genetischer Geschlechtsgebundenheit, wie bei der Farbenblindheit und anderen Formen von Verbindung mit dem Geschlecht, wie bei der Kahlköpfigkeit, zu unterscheiden, so müssen wir auch echte Kopplung von Genen auf den Autosomen von anderen Formen des Zusammenhangs trennen. Bald nachdem entdeckt war, daß die ABO-Blutgruppen zur genetischen Konstitution eines Individuums gehören, wurden Untersuchungen angestellt, ob irgendwelche Besonderheiten mit ihnen verbunden sind. Personen mit der Blutgruppe A können z. B. gesünder oder weniger gesund sein als Personen mit der Blutgruppe B. Viele Krankheiten sind untersucht worden, aber immer hat sich gezeigt, daß die Blutgruppenverteilung der an ihnen leidenden Personen sich nicht auffallend von der für die allgemeine Bevölkerung charakteristischen unterschied. Kürzlich sind jedoch bei einem viel größeren Zahlenmaterial einige Ergebnisse erzielt worden, die die Statistiker insoweit befriedigen, als daß sie wahrscheinlich nicht auf zufälligen Unterschieden beruhen. In vielen Ländern ist festgestellt worden, daß Personen mit der Blutgruppe 0 häufiger an einem Zwölffingerdarmgeschwür leiden als Personen mit anderen Blutgruppen. Die Bedeutung dieser Entdeckung wird noch diskutiert, aber wir können wahrscheinlich ausschließen, daß dieser Zusammenhang auf genetischer Kopplung des Blutgruppen-Locus und des Gens beruht, das seine Träger für ein Ulcus pepticum empfänglich macht. Wenn der ABO-Locus und ein

Ulcus-Gen nicht ganz außergewöhnlich eng zusammengelegen hätten, würden sie in der Bevölkerung ganz gleichmäßig verteilt worden sein, so daß es jetzt keinen sichtbaren Zusammenhang mit einer bestimmten Blutgruppe mehr geben würde. Einige Untersucher nehmen an, daß die Blutgruppen auf irgendeine Weise die Innenwand des Magens beeinflussen können. Es ist nämlich bekannt, daß bei Personen, die ein besonderes „Ausscheidergen" besitzen, der Magensaft, ebenso wie der Speichel, die Blutgruppenantigene enthält.

Es gibt auch noch andere Erklärungsmöglichkeiten für das häufige gemeinsame Auftreten zweier Merkmale bei Mitgliedern einer Bevölkerung. Ein Zusammenhang zwischen zwei erblich bedingten Merkmalen kann dadurch entstehen, daß die beiden Merkmale ziemlich häufig bei einer relativ isolierten Population auftreten, aber bei einer anderen nicht erscheinen. Bei der Untersuchung einer Gruppe von Personen aus beiden Populationen würden wir feststellen, daß die beiden Merkmale in einem statistischen Zusammenhang stehen. Unter Eingeborenen Afrikas kommt z. B. sehr häufig ein bestimmter *Rhesus*-Antigenkomplex, cDe, vor, der unter Europäern selten ist. Außerdem haben die Afrikaner viel dunklere Haut. In einer gemischten Bevölkerung, in der die Ehen nicht rein zufällig geschlossen werden, würde der Zusammenhang zwischen dunkler Hautfarbe und diesem *Rhesus*typ lange bestehen bleiben, wenn auch in verminderter Form.

Körperbautypen

In der Vergangenheit wurde dem Problem der Körperbautypen und ihres möglichen Zusammenhanges mit geistigen oder kulturellen Besonderheiten viel Aufmerksamkeit geschenkt. Die meisten Ergebnisse hierüber sind unsicher. Eine Zeitlang haben sie sogar zu Theorien über kriminelle Typen geführt, von denen aber erwiesen ist, daß sie absolut nicht wissenschaftlich begründet waren. Gene und ganze Chromosomen beeinflussen natürlich die Körperproportionen, sowohl die Form als auch die Größe, und spielen außerdem eine wichtige Rolle bei der Festlegung des Temperamentes und der Begabung. Die Entwirrung der erblichen Ursachen körperlicher oder geistiger Gestalten und ihre Zuordnung zu einzelnen Genen und einzelnen Loci ist wahrscheinlich so überaus schwierig, daß dies kaum ein vernünftiges Ziel der Forschung ist. Die Untersuchung der Körperbautypen erregt trotz des mittelalterlichen Ursprungs ihrer grundlegenden Vorstellungen immer noch Begeisterung. Eine beliebte Einteilung wurde mit den vier Kategorien heiß, kalt, feucht und trocken ausgedrückt und war z. B. die

Grundlage für CHAUCERs Beschreibung in den *Canterbury Tales*. Die moderne Einteilung der Menschen in die willkürlichen Gruppen der „Ektomorphen" und „Endomorphen" stimmt nicht eher mit einzelnen erblichen Merkmalen überein als die alten Gruppen der „Melancholiker" oder „Sanguiniker".

In der modernen Genetik gibt es aber einige körperliche Abnormitäten, die von Chromosomen-Störungen herrühren, z. B. beim Turner-Syndrom, Klinefelter-Syndrom oder anderen Zuständen. Diese könnten in Wahrheit „Körperbautypen" genannt werden. Warum bei den betroffenen Personen Veränderungen der Körperform, der Glieder und Fingerabdrücke vorkommen, ist noch unbekannt. Sie sind keine unmittelbaren Folgen der Gene auf den zusätzlichen Chromosomen. Wahrscheinlich sind sie Folge einer gestörten Balance zwischen den zusätzlichen Chromosomen und den übrigen Chromosomen des Zellkerns.

V. Wechselwirkungen zwischen Umwelt und Erbe

Zwillinge

Einer der wichtigsten Beiträge GALTONS für die humangenetische Wissenschaft war, daß er die Bedeutung von eineiigen Zwillingen richtig erkannte. Seine kurze Arbeit zu diesem Thema, die er 1875 veröffentlichte, leitete eine Epoche ein, die sich vorwiegend mit vergleichenden Untersuchungen über die Wirkungen von Erbe und Umwelt befaßte. Der Kern dieser Theorie ist, daß Unterschiede zwischen eineiigen Zwillingen umweltbedingt sein müssen, weil sie eine absolut identische genetische Struktur haben. Zweieiige Zwillinge, die in ihrer Erbmasse nicht ähnlicher sind als normale Brüder und Schwestern, können sehr gut als Vergleich herangezogen werden. Sie sind Geschwisterpaare gleichen Alters. Es wird oft falsch herum argumentiert und behauptet, daß, wenn ein Paar eineiiger Zwillinge in einem bestimmten Merkmal übereinstimmt, dieses Merkmal erblich sein muß. Es kann erblich sein, aber diese Feststellung ist dafür nur ein kleiner Teil des Beweises.

Bei den europäischen Völkern kommen Zwillingsgeburten ungefähr einmal unter 88 Geburten vor. Anders betrachtet hat ein Kind unter 44 einen Zwillingspartner. In der frühen Kindheit sind Zwillinge besonders gefährdet, weil die große Mehrzahl von ihnen zu früh geboren wird. Bei der Geburt liegen sie jedes für sich erheblich unter dem Durchschnittsgewicht, wenn sie zusammen auch mehr als ein normal großes Kind wiegen. Als Folge der größeren Säuglingssterblichkeit von Zwillingen, verglichen mit Einzelgeburten, ist die Wahrscheinlichkeit, daß eine bestimmte erwachsene Person ein Zwilling ist, geringer als 1 zu 44. H. H. NEWMAN hat geschätzt, daß sie eher etwa 1 zu 60 beträgt. Die beiden Arten von Zwillingen, eineiige und zweieiige, kommen im Verhältnis von etwa 1 zu 2½ vor. Die Wahrscheinlichkeit, daß eine bestimmte Schwangerschaft mit der Geburt eineiiger Zwillinge endet, liegt also dicht bei 1 zu 300. Soweit bekannt, ist die Häufigkeit eineiiger Zwillinge in allen Teilen der Welt recht ähnlich. Das Vorkommen zweieiiger Zwillinge ist viel variabler. In Japan

z. B. ist die Häufigkeit zweieiiger Zwillingsgeburten nur ungefähr 1 zu 500, obgleich eineiige Zwillinge etwa so häufig sind wie in England und Wales.

Die Ursachen von Zwillingsgeburten sind nicht genau bekannt, aber sicher sind mehr als ein Faktor beteiligt. Eineiige Zwillinge entstehen aus der Teilung einer befruchteten Eizelle (Zygote) zu einem sehr frühen Zeitpunkt der Entwicklung. Dadurch entstehen zwei Individuen mit identischer genetischer Struktur. Der Grund für diesen Vorgang ist nicht bekannt, man glaubt aber, daß es ein Faktor der Eizelle selbst ist, vielleicht die Anwesenheit eines besonderen rezessiven Gens. Zweieiige Zwillinge entstehen aus zwei getrennten befruchteten Eizellen. Man glaubt, daß hier genetische Faktoren bei der Mutter die Hauptursachen der gleichzeitigen Befruchtung sind. Die Häufigkeit zweieiiger Zwillinge steht nämlich mit dem Alter der Mutter im Zusammenhang. Sie steigt an, wenn die Mütter älter werden, und fällt dann langsam wieder ab, ähnlich wie sich z. B. auch die Wurfgröße der Mäuse mit dem mütterlichen Alter ändert. Beim Menschen sind zweieiige Zwillinge bei einem mütterlichen Alter von 37 Jahren am häufigsten. Das Vorkommen eineiiger Zwillingspaare wird nicht merklich vom Alter der Mutter beeinflußt.

Es besteht eine leichte Tendenz zur Konzentration von Zwillingen in einer Familie. Dies gilt anscheinend ohne Unterschied für beide Arten von Zwillingen. Der Beweis über den Vererbungsmodus für die Neigung, Zwillinge zu gebären, ist sehr schwer zu führen. Bei Rindern sind Einzelgeburten zwar wie beim Menschen die Regel, trotzdem sind Zwillinge keine Seltenheit. Man nimmt an, daß die Neigung dazu eine Eigenart bestimmter Kühe ist, die ein rezessives Gen für die Zwillingserzeugung haben. Rinderzwillinge sind gewöhnlich zweieiig und kommen fast nie bei der ersten Schwangerschaft vor; darin gleichen sie menschlichen Zwillingen. Wahrscheinlich beruht die Fähigkeit, zweieiige Zwillinge zu bekommen, bei uns darauf, daß die Mutter homozygot für ein ziemlich häufiges Gen ist, das sie dafür empfänglich macht. Es ist geschätzt worden, daß nicht weniger als eine Frau unter vieren diese Veranlagung hat.

Statistisch gesprochen sind Drillinge Zwillinge zum Quadrat. Sie kommen häufiger in Familien vor, in denen auch Zwillinge auftreten, als in solchen, in denen es keine Zwillinge gibt. Drillinge können auch drei genetisch identische Kinder sein, aber dies ist ziemlich selten. Dasselbe gilt für Vierlinge und Fünflinge. Allerdings waren die kanadischen Fünflinge, die Dionnes, eineiig. Je größer die Zahl von Kindern einer Geburt ist, desto weniger wiegt jedes bei der Geburt. Daher haben Drillinge eine noch viel geringere Wahrscheinlichkeit zu überleben als Zwillinge.

Die Unterscheidung erblicher und umweltbedingter Einflüsse

Wenn auch GALTONs Vorschlag, die Probleme des Zusammenspiels von Erbe und Umwelt mit Hilfe von Zwillingsstudien zu lösen, sehr anziehend ist, ist doch nicht alles ganz so einfach. Eineiige Zwillinge haben ausschließlich gleiche Gene, folglich zeigen sie in vieler Beziehung große Ähnlichkeit. Wie GALTON betont hat, sind sie als Kinder manchmal so ähnlich, daß „sie gewöhnlich mit um das Handgelenk oder den Hals gebundenen Bändchen unterschieden werden müssen; trotzdem wird manchmal versehentlich der eine für den anderen verarztet oder verprügelt". Solche Paare haben aber immer bestimmte Besonderheiten, die sie unterscheidbar machen. Ihre Fingerabdrücke z. B. zeigen immer kleine Unterschiede, wenn sie auch in der allgemeinen Form sehr ähnlich sind.
Große Bedeutung wurde den seltenen Fällen beigelegt, in denen eineiige Zwillinge bald nach der Geburt getrennt wurden, so daß sie in möglichst verschiedenen Umwelten aufwuchsen. Dann ist aber immer noch die sehr bedeutende Zeitspanne vor der Geburt nicht zu überschauen. Man könnte annehmen, daß die Umwelt vor der Geburt für beide Zwillinge gleich ist, aber dies trifft nicht zu. Es gibt Beispiele, bei denen sich ein Paarling eineiiger Zwillinge normal entwickelt hat, während der andere zurückgeblieben ist. Bei Fällen von zusammengewachsenen oder „siamesischen" Zwillingspaaren finden sich sogar stärker ausgeprägte körperliche und geistige Unterschiede als bei normalen Fällen getrennter eineiiger Paarlinge. In seiner Untersuchung über eineiige Paare, die getrennt aufgewachsen waren, bemerkte NEWMAN große Ähnlichkeit der Körpergröße, allgemeinen Statur und Begabung, die trotz der Unterschiede in Ernährung und Erziehung bestehen blieben. Dagegen fanden sich innerhalb der Paare ausgeprägte Unterschiede im Temperament. Bei zusammen erzogenen Zwillingspaaren wurden tatsächlich auch oft verschiedene Charakterzüge beobachtet. Sehr auffallend sind Temperaturunterschiede bei zusammengewachsenen Zwillingen. Chang und Eng, die berühmten zuerst beschriebenen siamesischen Zwillinge (1811—1874), die in Wirklichkeit Chinesen waren, waren sehr verschieden im Temperament. Sie lebten viele Jahre lang in North Carolina, waren beide verheiratet, Chang hatte zehn, Eng neun Kinder, und ihre Familien lebten in derselben Stadt. Aber das Leben war nicht immer harmonisch. Was Chang gerne

aß, verabscheute Eng. Eng war gutmütig, Chang verdrießlich und reizbar. Er war trunksüchtig, aber wenn er auch von Zeit zu Zeit betrunken war, fühlte Eng doch nie eine Beeinflussung durch die Ausschweifungen seines Bruders. Die Zwillinge haben sich oft gezankt, manchmal auch geschlagen, und bei einer Gelegenheit wurden sie deswegen sogar vor den Richter zitiert.

Da eineiige Zwillinge identische Gensätze besitzen, gleichen sie sich in allen den Merkmalen, die unmittelbar von einem Satz genetischer Anweisungen herrühren. So haben sie alle ihre Blutgruppenantigene gemeinsam und ebenfalls ihre grundlegenden biochemischen Besonderheiten. Einige chemische Besonderheiten zeigen sich in der Zusammensetzung des Schweißes, die sich bei verschiedenen Leuten etwas unterscheidet, aber bei eineiigen Zwillingen ganz gleich ist. Da Hunde den Geruch des Schweißes zur Erkennung ihrer Herren, Freunde und Feinde verwenden, ist es für sie gewöhnlich unmöglich, eineiige Zwillinge zu unterscheiden. Eineiige Zwillingspaare lassen sich jedoch immer durch sehr kleine Unterschiede in ihren Fingerabdrücken unterscheiden (s. Anhang E, S. 131).

Wenn wir uns nun den nicht-identischen oder zweieiigen Paaren zuwenden, finden wir, daß sie in den meisten Beziehungen ein wenig ähnlicher sind als Brüder und Schwestern. Dies kommt daher, daß sie im ganzen in einer ähnlicheren Umwelt leben. Auf eine besondere Art können sie ganz außergewöhnliche Ähnlichkeiten entwickeln. Dies geschieht in den ganz seltenen Fällen, in denen dadurch, daß die Blutkreisläufe in Berührung kamen, zu einem frühen Zeitpunkt der Entwicklung ein Austausch einiger weniger embryonaler Zellen stattgefunden hat. Das kann dazu führen, daß die Blutantigene auch ausgetauscht werden, so daß die beiden Paarlinge zwei Sätze von Antigenen in ihrem Blut haben, ihren eigenen und den des zweieiigen Zwillingspartners. Dieser Umstand sollte die modernen Untersucher vorsichtig stimmen, zu schnell aus den Feststellungen von Ähnlichkeiten und Verschiedenheiten innerhalb der Zwillingspaare Schlüsse über den relativen Einfluß von Umwelt und Vererbung zu ziehen. Die Zwillingsforschung, früher als eine der leichtesten und zuverlässigsten Methoden der humangenetischen Forschung betrachtet, muß jetzt tatsächlich als eine der unsichersten angesehen werden.

Wenn eineiige Zwillinge ein gleiches Merkmal haben, wird manchmal angenommen, dies beweise, daß das Merkmal erblich sei. An Hand eines imaginären Beispiels kann man sehr leicht einsehen, daß dies ein Trugschluß ist. Angenommen, ein Student der Humangenetik stammt von einem anderen Stern und soll mit der Zwillingsmethode herausfinden, ob die Kleidung der Menschen ein unmittelbares Ergebnis der

Vererbung sei. Er würde feststellen, daß eineiige Zwillinge sich sehr oft gleich kleiden, sogar bis in die feinsten Details, und daß dies bei zweieiigen Zwillingen ungewöhnlich ist. Er würde mit Sicherheit daraus schließen, daß die Wahl der Kleidung fast ausschließlich ein erbliches Merkmal sei und würde bei oberflächlicher Beweisführung vielleicht sogar annehmen, daß sie ein Teil der natürlichen Haut des Menschen sei.

Wir verfügen über einen großen Reichtum an Material über das Zusammentreffen von Krankheiten bei eineiigen Zwillingspaaren. Ein rezessives Merkmal erscheint z. B. immer bei beiden Paarlingen. Abb. 25 zeigt ein eineiiges Zwillingspaar mit einem rezessiven Merkmal, das zu einer starken Verminderung der Gehirn- und Kopfgröße führt und als echte Mikrozephalie bekannt ist. In anderen Beziehungen sind solche Personen gesund, aber sie haben einen sehr geringen Intelligenzgrad. Wir kennen den wahrscheinlichen Erbgang aus Fa-

Abb. 25. Eineiige Zwillinge mit echter Mikrozephalie

milienbeobachtungen anderer Fälle. Zusammen befallene eineiige Zwillinge sagen nichts über den Erbgang aus, sie weisen nur auf eine gewisse genetische Beeinflussung hin. Eineiige Zwillinge reagieren in ähnlicher Weise auf alle Umwelteinflüsse, sie sind meistens gleich gesund, und wenn sie erkranken, geschieht das oft gleichzeitig und an derselben Krankheit. Tuberkulose befällt häufiger beide Partner eines eineiigen Zwillingspaares als beide Partner eines zweieiigen Paares oder eines Geschwisterpaares. Dies ist typisch, sagt aber nicht aus, daß Tuberkulose erblich sei, wie vor KOCHs Entdeckung des Tuberkulosebazillus geglaubt wurde, sondern daß die Empfänglichkeit eines Individuums teilweise von seinen Genen abhängt. Man hätte dies, auch ohne Zwillingsbeobachtungen zu machen, vermuten können. Obgleich die Untersuchung solcher eineiiger Zwillingspaare selbst keine entscheidende Auskunft geben kann, kann sie doch helfen, das Zusammenspiel von Erbe und Umwelt zu analysieren.

Das Geburtsgewicht

Ein Beispiel, das zeigt, wie Zwillingsstudien andere Untersuchungen ergänzen können, ist das Geburtsgewicht eines Kindes. Es kann leicht gemessen und notiert werden. Man findet ganz auffällige Ähnlichkeiten innerhalb von Familien, aber auch große Unterschiede unter Geschwistern. Die Geburtsgewichte eineiiger Zwillinge gleichen einander meist etwas mehr als die zweieiiger Zwillinge. Um dies festzustellen, müssen die Geschlechter der Paare beachtet werden. Knaben wiegen bei der Geburt durchschnittlich fast ein Viertelpfund mehr als Mädchen. Die Reihenfolge der Geburten führt zu großen Unterschieden. Das erste Kind ist häufig das leichteste, und im Durchschnitt wiegt jedes folgende Kind in der Familie ein wenig mehr. Der Gesundheits- und Ernährungszustand der Mutter sind wichtige Faktoren, wenn das Gewicht des Kindes durch zeitweiligen Hunger auch weniger beeinflußt wird als manchmal angenommen wird. Untersuchungen der Geburtsgewichte von Cousins haben gezeigt, daß ein Teil des mütterlichen Einflusses auf das Geburtsgewicht von genetischen Faktoren bei der Mutter abhängt. Die Ähnlichkeit im Geburtsgewicht eineiiger Zwillinge kann selbst nur darauf hinweisen, daß neben allen anderen Faktoren die Ähnlichkeit ihrer erblichen Konstitution eine Rolle spielt. Zusammen mit den Ergebnissen von Untersuchungen zweieiiger Zwillinge, Geschwister und Cousins ermöglicht sie uns zu schätzen, wieviel der natürlichen Variation des Geburtsgewichts in menschlichen Bevölkerungen jeweils auf eine dieser Ursachen zurückgeht. Nur ungefähr 16% der das Geburtsgewicht bestimmenden Faktoren hängen mit der erblichen Konstitution des Kindes zusammen. Etwas mehr, nämlich 20%, sind Folge der mütterlichen Erblichkeit und 24% die ihres Ernährungs- und Gesundheitszustandes (s. Tab. 4). Auch nach sorgfältiger Analyse bleiben ungefähr 30% der Ursachen unbekannt oder nicht spezifizierbar. Einige dieser Unterschiede beruhen auf Unterschieden der Schwangerschaftsdauer. Manchmal müssen aus medizinischen

Gründen die Wehen eingeleitet werden, bevor das Kind sein natürliches Geburtsgewicht erreicht hat.

Es muß erwähnt werden, daß das mittlere Geburtsgewicht in verschiedenen Teilen der Welt und in verschiedenen Gruppen derselben Bevölkerung Schwankungen aufweist. Angesichts der Beeinflussung durch so viele erbliche und umweltbedingte Faktoren, kann dies nicht überraschen. JEAN MILLIS hat festgestellt, daß Babies in Hongkong z. B. durchschnittlich leichter sind als in Europa. Ohne ausgiebige

Tabelle 4. Ungefähre Verteilung der an der Variation der Geburtsgewichte beteiligten Ursachen

Erbfaktoren	Erbliche Konstitution der Mutter	20%
	Erbliche Konstitution des Kindes	16%
	Geschlecht des Kindes	2%
Umweltfaktoren	Gesundheits- und Ernährungszustand der Mutter	24%
	Reihenfolge der Geburten	7%
	Alter der Mutter	1%
	Unbekannte Einflüsse, wie die Kindslage	30%

Untersuchung kann man nicht feststellen, ob das irgendwie mit der Ernährung zusammenhängt, oder ob es ein biologisches Phänomen ist, das auf verschiedene Häufigkeiten der das Geburtsgewicht beeinflussenden Gene in östlichen und westlichen Populationen zurückgeht.

Mißbildungen

Neben der Zwillingsforschung gibt es noch andere Möglichkeiten, das Zusammenspiel von Erbe und Umwelt zu untersuchen, aber auch sie geben Informationen, die manchmal schwer zu erklären sind. Den Genetiker interessieren besonders die Umwelteinflüsse, die nur schwer von Genwirkungen unterschieden werden können: die Zeitspanne zwischen Empfängnis und Geburt. Die Gattung Mensch ist vielen Übeln ausgesetzt, und zu den vorherrschenden zählen angeborene Mißbildungen. Der Ausdruck „angeboren" besagt, daß die so benannte Fehlentwicklung schon bei der Geburt vorhanden ist. Damit wird aber nichts über die Ursache ausgesagt. Eine angeborene Anomalität kann so gering sein, daß sie ganz unbedeutend ist, wie etwa ein kleines Muttermal oder sogenannte Schwimmhäute zwischen den Zehen. Ernste Defekte sind jedoch nicht selten und führen, alle zusammengenommen, zu einer Häufigkeitsziffer von ungefähr 1% aller Geburten. Die Ursachen dieser Entwicklungsstörungen sind sehr verschieden, zum Teil umweltbedingt, zum Teil erblich, In letzter Zeit ist den Mißbildungen viel mehr Aufmerksamkeit zugewendet worden als in der Vergangenheit; zum Teil, weil mißgebildete Kinder heute bessere Überlebenschancen haben, zum anderen Teil, weil die Mißbildungen eine Gruppe von Krankheiten bilden, die sehr schwer durch medizinische Maßnahmen beeinflußt werden können.

Einige Leute meinen, daß der Seelenzustand der schwangeren Frau die Entwicklung des Kindes beeinflussen könne. Seelische Schocks könnten demnach vielleicht Mißbildungen hervorrufen. Für solch eine Anschauung gibt es kaum Beweise. Der alte Glaube, daß das, was die schwangere Frau sieht, direkt die Gestalt des Kindes beeinflussen könne, wird absolut nicht von Tatsachen gestützt. Man hatte z. B. angenommen, daß die Deformität im Stammbaum der Abb. 11 (S. 34) entstanden war, weil die unbefallene Mutter des ersten befallenen Mannes während ihrer Schwangerschaft im Jahre 1792 eine Kiste mit lebendigen Hummern gesehen hatte. Angesichts der Fortschritte der biologischen und medizinischen Vorstellungen wirken solche Erklärungen heute absurd. Medikamente, die die Mutter in der Schwangerschaft einnimmt, haben eine wesentlich größere Bedeutung als das, was sie zu sehen bekommt.

Anenzephalie

Einige außerordentlich schwere Mißbildungen kommen erstaunlich oft unter anscheinend ganz normalen Umständen vor. In Schottland z. B., wo solche Fälle sorgfältig gesammelt werden, wird *ein* Kind unter 360 mit einer Mißbildung geboren, die Anenzephalie genannt wird. Bei diesen Kindern hat sich das Gehirn nicht entwickelt, so daß sie nicht lebensfähig sind. Mädchen sind dreimal so häufig befallen wie Knaben. Es gibt kaum Hinweise auf die Ursache dieser Anomalie, denn die Väter und Mütter dieser Kinder sind völlig gesund. Einige Untersucher haben angenommen, daß es sich um ein rezessiv erbliches Leiden handelt. Manchmal kommt es mehr als einmal in einer Familie vor, aber erfahrungsgemäß beträgt die Wahrscheinlichkeit des Wiederauftretens in einer Geschwisterschaft nur ungefähr 3%. Sie ist also nicht annähernd hoch genug, um eine rezessive Vererbung zu rechtfertigen, bei der eine Wahrscheinlichkeit des Wiederauftretens von 25% zu erwarten wäre. Es könnten allerdings mehrere verschiedene Ursachen zu dem gleichen Endergebnis führen. Ein homozygotes Gen kann die Ursache einiger Fälle sein. Andere können vielleicht das Ergebnis einer Chromosomen-Anomalie sein, wie G. D. Snell sie bei der Untersuchung von Mäusestämmen gefunden hat, bei denen Anenzephalie vorkommt. Die Neigung, ein Kind mit einer Mißbildung zu bekommen, die auf eine solche Ursache zurückgeht, könnte von normalen Eltern weitergegeben werden. Das Leiden würde nur in einem kleinen Prozentsatz ihrer Nachkommen auftreten, einem Prozentsatz, der viel kleiner ist als das Mendelsche Eins-zu-drei-Verhältnis. Außerdem kann gelegentlich ein Fall auf einer Neumutation beruhen.

Die sehr ungleichmäßige geographische Verteilung dieser Mißbildung weist darauf hin, daß mehrere Ursachen beteiligt sind. Es scheint, daß Irland und Schottland ein recht häufiges Vorkommen aufweisen, daß aber im übrigen England weniger Fälle vorkommen und in Frankreich im Verhältnis noch weniger. Im ganzen liegen die europäischen Werte bei ungefähr eine auf 1000 Geburten. Unter östlichen Völkern ist das Merkmal seltener. Noch seltener ist es unter Afrikanern, wo nur ungefähr ein Merkmalsträger auf 5000 Geburten entfällt. Dies stimmt mit der Beobachtung von D. B. MURPHY überein, daß amerikanische Neger weniger unter angeborenen Mißbildungen leiden als Amerikaner europäischer Herkunft. Es ist also unwahrscheinlich, daß irgendeine Ursache im Zusammenhang mit schlechter Ernährung oder allgemeiner Gesundheit allein verantwortlich gemacht werden kann.

Die großen regionalen Unterschiede sind bis jetzt völlig ungeklärt. Sie könnten auftreten, weil die genetische Grundlage bei verschiedenen Populationen deutlich unterschiedlich ist. Es könnte sich aber auch um eine auf feine Ernährungsunterschiede zurückgehende umweltbedingte Wirkung handeln, die vielleicht im Zusammenhang mit der Wasserversorgung, dem Boden oder dem Klima steht. Man weiß, daß Anenzephalie häufiger bei erstgeborenen Kindern auftritt als bei späteren Kindern einer Ehe. Weiterhin haben einige ausführliche Untersuchungen ergeben, daß im Winter geborene Kinder häufiger befallen sind als im Sommer geborene. Das Alter der Mutter ist jedoch kein wichtiger Faktor. Obgleich es viele Beweise dafür gibt, daß die Umwelt auf irgendeine Weise beteiligt ist, wissen wir nichts über die Art ihrer Wirkung.

Leider gibt es neben Anenzephalie noch viele andere Typen schwerer Mißbildungen, von denen einige fast ebenso häufig sind. Es kommt z. B. eine unvollständige Schließung des Rückgrats vor, Spina bifida genannt, die so schwer sein kann, daß Lähmungen auftreten. Einige dieser Fälle sind Beispiele rezessiver Merkmale, andere dagegen haben keine deutliche genetische Ursache. Daneben gibt es ganz milde Fälle, die keine Beschwerden verursachen und nur bei einer Röntgenuntersuchung gefunden werden, im Gegensatz zu anderen, die so schwer sind, daß sie mit dem Leben unvereinbar sind. Ein so variables Merkmal ist sehr schwer genetisch zu analysieren. Eine andere ähnlich häufige Mißbildung ist der angeborene Wasserkopf, Hydrozephalus. Dieses Merkmal kommt häufiger bei Jungen als bei Mädchen vor und scheint in einigen Fällen von einem Gen auf dem X-Chromosom verursacht und wie Hämophilie vererbt zu werden. Durch Experimente mit Kaninchen, denen das Vitamin A entzogen wurde, konnte nachgewiesen werden, daß bei diesen Tieren ein Hydrozephalus durch unzureichende Ernährung hervorgerufen werden kann. Dasselbe trifft wahrscheinlich für den Menschen zu.

Es gibt viele bekannte Mißbildungen, die das Leben nicht besonders gefährden, aber erhebliche Behinderungen zur Folge haben. Hierzu gehören Hasenscharte, Wolfsrachen, Klumpfuß, Sehstörungen und mißgebildete Hände. Gelegentlich kann, wie schon erwähnt, ein einzelner Gen-Locus für einen solchen Typ von Defekten verantwortlich gemacht werden, aber gewöhnlich trifft dies nicht zu. Die große Mehrzahl der Fälle tritt nur einmal sporadisch in einer Familie auf, ähnlich wie bei ernsteren Mißbildungen. Dasselbe gilt für einige schwere Abnormitäten, die zwar nicht tödlich sind, wie Anenzephalie, die aber doch die Gesundheit beeinträchtigen. Hierzu gehören angeborene Herzfehler, die Ursache der „blauen Babies", die heutzutage manchmal durch chirurgische Eingriffe an den Kreislauforganen geheilt werden können. Dazu gehört ebenfalls die Pylorus-Stenose, eine Krankheit, bei der das Baby normal geboren wird, aber nicht normal ernährt werden kann, weil der Ausgang des Magens verengt ist. Diese Krankheit kann in milden Fällen durch besondere Ernährung überwunden werden, anderenfalls durch einen chirurgischen Eingriff. Sowohl dominante als auch rezessive Vererbung sind für ihre Erklärung herangezogen worden, aber ohne wirklich zu überzeugen. Wahrscheinlich sind mehr als ein Locus beteiligt. C. O. CARTER kam zu dem Schluß, daß der Defekt in Wirklichkeit ein abgestuftes Merkmal ist, und daß nur die extremen Varianten als abnorm erkannt werden. Die gleiche Erklärung läßt sich auf viele andere erbliche Mißbildungen anwenden. Die Umwelt hat einen im einzelnen unbekannten Einfluß auf die Manifestation, und das erstgeborene Kind ist etwas häufiger betroffen als die weiteren Kinder.

Zusätzliche Chromosomen

Zahlreiche Mißbildungen sind durch Abnormitäten der Autosomen bedingt. Änderungen in ihrer Zahl führen zu schwereren Mißbildun-

Abb. 26 a u. b. Die Chromosomen von normalen und anomalen Personen, wie sie bei der Zellteilung beobachtet werden. Sie sind nach der Standardklassifikation angeordnet

gen und stärkeren geistigen Defekten als Änderungen der Geschlechtschromosomenzahl.

Eine besonders interessante und bedeutungsvolle erbliche Anomalie ist unter dem unpassenden Namen „Mongolismus" bekannt. Das Merkmal, 1866 von DOWN beschrieben, ist schon bei der Geburt zu erkennen und wird durch eine Verlangsamung des Wachstums charakterisiert, die sich an fast jedem Körperteil zeigt. Eine oberflächliche Betrachtung des Gesichts hat die Europäer dazu verleitet, die Merkmalsträger mit Asiaten zu vergleichen. Umgekehrt finden die Asiaten, daß sie europäisch aussehen. In Wahrheit sehen sie wegen leichter Abnormitäten fast aller ihrer Züge, Augen, Nase, Mund, Ohren und Kopfform, einfach seltsam aus.

Sie sind körperlich minderwüchsig und geistig stark zurückgeblieben. Gegen Infektionen sind sie außergewöhnlich anfällig, und kaum 70% von ihnen überlebt das erste Lebensjahr. Einige etwas robustere unter ihnen erreichen ein mittleres oder höheres Lebensalter. Sie sind gewöhnlich sehr gut gelaunt und können zu wertvoller Hilfe im Alltag angeleitet werden. Die allgemeine Häufigkeit unter Europäern liegt ungefähr bei einer auf 700 Geburten, aber das Vorkommen wird stark vom mütterlichen Alter beeinflußt. Für 25jährige Mütter ist die Wahrscheinlichkeit, ein so befallenes Kind zu bekommen, nur ungefähr 1 auf 2000, für Mütter von 45 Jahren steigt sie dagegen auf 1 auf 50. Das Alter des Vaters spielt anscheinend keine Rolle. Es könnte eine leicht erhöhte Wahrscheinlichkeit für erstgeborene Kinder vorliegen. Die Untersuchung von Zwillingen, bei denen ein Partner befallen ist, legt nahe, daß die Hauptursache genetisch ist. Trotzdem findet man sehr selten zwei Fälle in einer Geschwisterschaft. Einige normale Mütter neigen besonders dazu, mongoloide Kinder zu bekommen. Außerdem gibt es mehrere bekanntgewordene Beispiele mongoloider Frauen, die normale Kinder geboren haben, bei anderen befallenen Müttern war das Kind jedoch auch mongoloid.

Mongolismus oder Down's Syndrom ist die direkte Folge eines zusätzlichen Chromosoms im Kern jeder Zelle (s. Abb. 26). Da in diesen Fällen das Chromosom Nr. 21 dreifach vorhanden ist, nennt man den Zustand *Trisomie*. Diese Mutation hängt eng mit dem Alter der Mutter zusammen. Man kann deshalb annehmen, daß sie in den mütterlichen Keimzellen entsteht. Ein gleicher Zusammenhang mit dem mütterlichen Alter wurde beim Klinefelter-Syndrom und dem XXX-Syndrom beobachtet, so daß auch diese Fehlbildungen vermutlich in den Ovarien der Mutter entstehen. Beim Turner-Syndrom dagegen findet sich kein Zusammenhang mit dem mütterlichen Alter. Aus Untersuchungen über die Xg-Antigene läßt sich schließen, daß die meisten Fälle auf Störungen bei der Spermiogenese beruhen. Es ist bemerkenswert, daß die Größenordnung der Häufigkeit bei dieser Art von Mutationen, nämlich 1 : 1000, etwa hundertfach so groß ist wie bei Gen-Mutationen. Die Trisomie des Chromosoms Nr. 18 ist seltener als die des Chromosoms Nr. 21 und führt zu einem Mißbildungssyndrom, das sich von dem bei Mongolismus unterscheiden läßt. Die betroffenen Kinder sind sehr lebensschwach und überleben selten mehr als einige Wochen. Noch schwerwiegendere Mißbildungen werden durch eine Trisomie des Chromosoms Nr. 13 hervorgerufen. Hierzu gehören Hasenscharte, Wolfsrachen, fehlende Augenentwicklung, zusätzliche Finger und Herzfehler.

Es scheint so zu sein, daß das Ausmaß der Fehlbildungen etwa parallel zu der Größe der zusätzlichen Chromosomen ist. Eine Trisomie der noch größeren Chromosomen ist demnach nicht mit einer Entwicklung des Embryos über die frühesten Stadien hinweg vereinbar. Das Durcheinander, das durch eine Verdreifachung einer kleinen Zahl

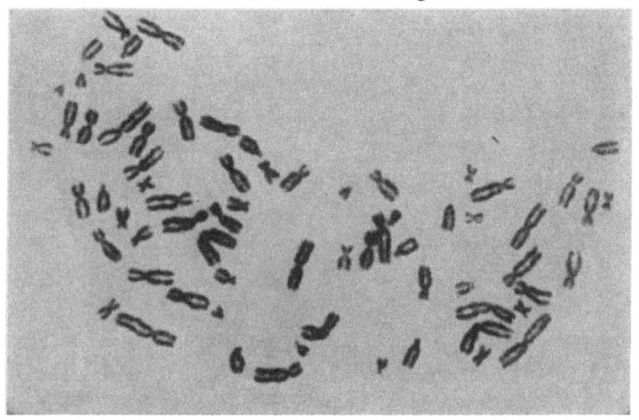

Abb. 27. Triploide Zelle mit 69 Chromosomen aus der Gewebekultur eines Embryos von einer Fehlgeburt in früher Schwangerschaft. (Photographie von Joy D. A. Delhanty)

von Gen-Anweisungen entsteht, ist noch bis zu einem gewissen Grad tolerierbar, nicht hingegen das durch eine Verdreifachung einer größeren Anzahl. Trotzdem ist es möglich, daß der gesamte Chromosomensatz verdreifacht wird, daß also 69 statt 46 Chromosomen in jeder Zelle vorkommen (s. Abb. 27). Triploide Individuen kommen auch beim Menschen nicht selten bei Embryonen vor, die etwa nach der zehnten Woche sich nicht weiterentwickelt haben und zu Fehlgeburten führten. Das erste Beispiel von triploiden Zellen bei einem überlebenden Kind war ein schwachsinniger, nicht sehr mißgebildeter Junge in Schweden, bei dem einige Zellen triploid waren, die Mehrzahl jedoch normal. Allgemein ist das Vorhandensein von einigen Zellen mit zusätzlichen Chromosomen nicht unvereinbar mit einer normalen Entwicklung und Gesundheit. Wenn in einem bestimmten Gewebe des Körpers mehr als ein Zelltyp vorkommt, nennt man dieses Gewebe ein *Mosaik*. Das Vorhandensein dieses Phänomens bei mißgestalteten Individuen spricht dafür, daß die Aberration schon zu einem Zeitpunkt bald nach der Befruchtung aufgetreten ist.

Chromosomenbrüche

Eine andere Art von Aberrationen besteht in Chromosomenbrüchen. Wenn zufällig ein einzelner Bruch eines Chromosoms auftritt, kommt es meist zu einem „narbenlosen" Wiedereinheilen. Wenn zwei Brüche auftreten, kann ein Teil des Chromosoms verlorengehen, bevor die Wiedereinheilung auftritt. Dies nennt man dann *Deletion*. Sehr kleine, nicht sichtbare Deletionen können sich genetisch ähnlich auswirken wie Gen-Mutationen. Gelegentlich heilen zwei nicht mit dem Zentromer verbundene Fragmente von gleichzeitig an verschiedenen Chromosomen auftretenden Brüchen am falschen Chromosom an. Dies heißt dann reziproke *Translokation*. Bei den Individuen, deren Chromosomen in dieser Weise umorganisiert werden, treten keine Störungen auf, denn das Programm der genetischen Information ist vollständig und nur umgeordnet.
Eine ausgeglichene Neuordnung als Folge einer reziproken Translokation kann über Generationen von den Eltern auf die Kinder weitergegeben werden. Es besteht allerdings bei einer solchen Translokation jederzeit die Gefahr, daß die Keimzellenbildung gestört ist und daß Gameten mit einem unausgeglichenen Chromosomensatz entstehen. Die Befruchtung durch Verbindung einer unausgeglichenen Keimzelle mit einer normalen Keimzelle ergibt eine unausgeglichene Zygote, die dann häufig zu Mißbildungen führt. Schon frühe Experimente aus Mäusezüchtungen durch SNELL u. Mitarb. machten es wahrscheinlich, daß Chromosomenaberrationen bei normalen Eltern die Ursache für manche genetische Mißbildungen beim Menschen sind. Aber erst 1960 konnte diese Art der Vererbung durch Chromosomen-

untersuchungen bei bestimmten Familien nachgewiesen werden, zuerst im Zusammenhang mit einigen Fällen von Mongolismus, später bei einigen bis dahin unbeschriebenen seltenen Mißbildungssyndromen. Die Mehrzahl der Kinder mit schweren Mißbildungen, z. B. Anenzephalie, haben, soweit die Chromosomen untersucht wurden, keinerlei zytologische Abweichungen vom Normalzustand. Das gleiche gilt für Merkmale, die auf einzelnen Genen beruhen. Bei dominanten Merkmalen, wie Chondrodysplasie, Ektrodaktylie oder tuberöse Sklerose und bei rezessiven Merkmalen, wie Phenylketonurie, sind die Chromosomensätze vollständig normal. Dies muß auch erwartet werden, da die Störungen bei einzelnen Genen viel zu klein sind, um sichtbar zu sein. Sie lassen sich mit Fehlern des Schriftsetzers vergleichen, während die Chromosomenaberrationen eher Fehlern des Buchbinders entsprechen.

Experimentelle Untersuchungen von Mißbildungen

Die Dunkelheit, die die Entstehungsursachen der Mißbildungen umgibt, ist in den letzten Jahren durch die Ergebnisse experimenteller Forschung an Tieren, wie Mäusen und Ratten, teilweise gelichtet worden. Man hat erkannt, daß viele Typen abnormer Entwicklung zum Teil von Faktoren, wie mütterliches Alter, Nahrung und Temperatur abhängig sind. Bei besonderen Experimenten, bei denen schwangere Tiere Hunger, Gift, Sauerstoffmangel oder starker Strahlung ausgesetzt worden waren, wurden Mißbildungen unter den Nachkommen direkt ausgelöst. Vollständiger oder teilweiser Entzug von Vitaminen, wie Riboflavin, aus der Nahrung der Mutter hatte eine ähnliche Wirkung. Bei solchen Experimenten sind jedoch nicht alle Jungtiere mißgebildet, und die Abnormitäten sind nicht in jedem Fall dieselben. Es ist sehr schwierig vorauszusagen, welcher Eingriff bei der Mutter ein bestimmtes Ergebnis haben wird. Die genetische Konstitution des Kindes ist sicher ein sehr wichtiger Faktor, der berücksichtigt werden muß, denn einige Mütter und einige Nachkommen sind viel resistenter als andere.
Das Thalidomid-(Contergan-)Unglück war, wie NISHIMURA es genannt hat, ein „teratologisches Experiment" beim Menschen. Dieses Schlafmittel wurde wegen seines guten Effektes und der geringen Nachwirkungen besonders in der Schwangerschaft empfohlen. 1961 bemerkte W. LENZ, daß einige der Mütter, die das Medikament in der

Frühschwangerschaft eingenommen hatten, Kinder mit verkürzten oder fehlenden Extremitäten zur Welt brachten. Bei späteren Versuchen mit schwangeren Ratten und Mäusen konnten solche spezifischen Veränderungen bei den Nachkommen nicht festgestellt werden. Kaninchen verhielten sich in dieser Hinsicht so wie Menschen, aber Schweine wurden wiederum nicht betroffen. Außerdem traten nur bei etwa einem Fünftel der Frauen, die dem Medikament ausgesetzt waren, mißgebildete Kinder auf, so daß man eine individuelle Empfindlichkeit annehmen muß.

Pharmakogenetik

Eine der bemerkenswertesten Eigenschaften der meisten erblichen chemischen Unterschiede zwischen den Menschen liegt darin, daß sie unter normalen Umständen äußerlich nicht erkennbar sind. Nur in bestimmten künstlichen Situationen läßt sich ein Genotyp vom anderen unterscheiden. Als z. B. das Medikament Succinylcholin zur künstlichen Muskelerschlaffung während der Narkose eingeführt wurde, kam es in seltenen Fällen zu schweren Kollapszuständen. Den Patienten fehlte nämlich ein Enzym, das bei den übrigen Menschen vorhanden ist und keine weitere bekannte Funktion hat, als dieses Medikament nach kurzer Zeit zu inaktivieren. Familienuntersuchungen bei den Betroffenen haben ergeben, daß es sich um ein rezessiv erbliches Merkmal handelt. Auch die Heterozygoten haben einen leichten Mangel dieses Enzyms, der mit chemischen Untersuchungen festzustellen ist, der aber nicht ausreicht, um irgendwelche Störungen hervorzurufen. W. KALOW und D. R. GUNN konnten zeigen, daß die Häufigkeiten der heterozygoten und homozygoten Genträger in der Bevölkerung mit der Hypothese einer zufälligen Verteilung übereinstimmt (Tabelle 5).
Ein weiteres Beispiel ist praktisch noch wichtiger. Schon lange ist eine seltsame, Favismus genannte Krankheit bekannt, die in verschiedenen Gegenden um das Mittelmeer herum vorkommt. Wenn die betroffenen Männer in ihrer Nahrung Bohnen zu sich nehmen, tritt eine Krankheit auf, die mit Zerstörung der roten Blutkörperchen einhergeht. Unter den Negern in den Vereinigten Staaten gibt es ganz ähnliche Symptome als Folge einer Überempfindlichkeit gegenüber dem Medikament Primaquin. Die Betroffenen reagieren auch auf Aspirin ähnlich. Aufgrund chemischer Untersuchungen des Blutes von Patienten mit Favismus oder Primaquin-Überempfindlichkeit weiß man

heute, daß beide Merkmale auf dem Fehlen eines Enzyms der roten Blutkörperchen, Glucose-6-Phosphat-Dehydrogenase, beruhen. Wie bei anderen X-chromosomalen Störungen sind die Männer am stärksten betroffen. Auch homozygote Frauen haben diese gleichstark aus-

Tabelle 5. Enzymmangel in einer zufällig ausgewählten Bevölkerungsgruppe (nach KALOW und GUNN, 1959)

Genotyp		Beobachtete Zahlen	Nach dem Hardy-Weinberg-Gesetz erwartete Zahlen*)
Homozygot normal	AA	1942	1941,72
Heterozygot	Aa	74	74,56
Homozygot für die Anomalie	aa	1	0,72
Zusammen		2017	2017,00

Die erwarteten Zahlen beruhen auf der Beobachtung, daß die Genhäufigkeit von A als p = [1942+(74/2)]2017 = 0,9812 bestimmt werden kann, die von a als q = [(74/2)+1]/2017 = 0,0188.
Die beobachtete Häufigkeit von aa-Homozygoten ist etwas geringer als 1 auf 2000. Dies weicht nicht wesentlich von q^2 ab, das 1 auf 2800 betragen würde.
*) s. Anhang A, S. 129.

geprägte Empfindlichkeit. Die weiblichen heterozygoten Überträgerinnen lassen sich, im Gegensatz zur Bluterkrankheit oder der Farbenblindheit, leicht erkennen, denn auch sie haben eine verminderte Enzymmenge in ihren roten Blutkörperchen. In Gegenden, in denen diese Krankheit sehr häufig ist, z. B. in Sardinien, Persien und Teilen Asiens und Afrikas, ist auch die Malaria sehr verbreitet. Man nimmt deshalb an, daß, ähnlich wie beim Sichelzellenmerkmal, das Gen eine Art Schutzwirkung gegenüber einer Infektion mit Malaria ausübt. Wie die Folgen des Rhesus-Systems sind die Empfindlichkeiten gegenüber seltenen künstlichen oder in der Natur vorkommenden chemischen Verbindungen nur in besonderen Situationen von Bedeutung. Wahrscheinlich gibt es eine Vielzahl bisher unbekannter Allelen-Systeme, deren Gefahren oder deren Schutzwirkungen in dieser Weise latent sind. Eine Reihe der bekannten Überempfindlichkeiten, z. B. die gegenüber Cocain oder Penicillin, beruhen vermutlich auch auf erblichen chemischen Besonderheiten.

Neben diesen seltenen Störungen kommen aber auch innerhalb der „normalen" Variation Unterschiede in der Reaktionsweise auf Medikamente vor. Bekannt ist z. B. eine unterschiedliche Abbaurate für ein häufig verwandtes Tuberkuloseheilmittel, Isoniazid. Nebenwirkungen bei dieser Therapie in Form von Nervenstörungen kommen weit häufiger bei Personen vor, deren Organismus dieses Mittel nur langsam abbaut. Trotzdem kann hier nicht von einer Abnormität gesprochen werden, denn mehr als die Hälfte der Europäer und Nordamerikaner haben diesen Enzymdefekt. Wahrscheinlich kommen genetische Unterschiede in der Reaktionsweise auf Medikamente, die Resorption, Abbaurate, Ausscheidung und biologische Empfindlichkeit betreffen können, bei vielen heute angewandten Pharmaka vor.

Infektionen des Feten

Infektionskrankheiten sind eine weitere umweltbedingte Gefahr während des vorgeburtlichen Lebens. Diese Gefahr ist sowohl beim Menschen als auch bei niederen Tieren untersucht worden. Es ist schon lange bekannt, daß bestimmte Krankheiten, wie Pocken und Syphilis, den Feten im Mutterleib stärker angreifen und schädigen können als die Mutter selbst. Diese beiden Krankheiten sind jetzt zum Glück selten geworden, aber Röteln und einige Grippearten sind an ihre Stelle getreten. Bei einer schweren Rötelnepidemie in Australien im Jahre 1940 ist es N. McA. GREGG aufgefallen, daß bei Kindern, deren Mütter während der frühen Schwangerschaftsmonate erkrankt waren, schwere Mißbildungen auftraten. Die typische Form der Schädigung zeigte sich in Defekten der Augen und des Kreislaufs. Einige Kinder kamen taub zur Welt. Experimentell erzeugte Infektionen mit Grippeviren auf befruchteten Hühnereiern ergaben Küken mit Defekten des Skeletts. Zweifellos verursachen viele Typen von Infektionskrankheiten Schäden am wachsenden Feten, wenn auch die meisten Kinder, deren Mütter in der Schwangerschaft fieberhafte Erkrankungen durchgemacht haben, glücklicherweise einer Schädigung entgehen. Für den Genetiker kann es manchmal sehr schwer sein, zu entscheiden, ob ein aufgetretener Schaden erblich oder umweltbedingt ist. Angeborene Taubheit, die zur Taubstummheit führt, kann sowohl von mindestens einem Gen mit rezessiver Erblichkeit verursacht werden als auch von zufälligen Infektionen.

Geisteskrankheiten

Die Wirkungen von Umwelt und Erbe sind nirgends schwieriger zu trennen als auf dem Gebiet der Geisteskrankheiten. Die normalen Variationen von Intelligenz und Temperament hängen sowohl von der Erziehung als auch von den Erbanlagen ab. Die extremen Variationen dieser Eigenschaften, verbunden mit deutlichen Intelligenzdefekten und Wahnsinn, haben ebenfalls gemischte Ursachen. Über die Hälfte der Krankheitsfälle in Nervenheilanstalten werden als Schizophrenie diagnostiziert. Einige Beobachter glauben, daß dies im wesentlichen eine Krankheitseinheit mit rezessiver Erblichkeit sei. Die Definition der Schizophrenie ist aber sehr dehnbar. Psychiater neigen dazu, den Ausdruck für eine große Gruppe chronischer geistiger Störungen zu verwenden, von denen man, in einigen Fällen zu unrecht, glaubt, daß nur eine geringe Hoffnung auf Besserung besteht. Zu den Symptomen gehören langsames Sichzurückziehen aus der Realität und emotionelle Störungen ohne entsprechende Intelligenzdefekte. Männer erkranken gewöhnlich früher als Frauen. Sicher werden viele ganz verschiedene Krankheiten unter diesem Namen zusammengefaßt, die vom Psychiater nicht ohne weiteres unterschieden werden können. Früher wurden die Fälle fortschreitender Geisteskrankheit bei jungen Erwachsenen als „Dementia praecox" diagnostiziert, aber dieser Ausdruck wird jetzt nicht mehr verwandt. Es ist daher nicht überraschend, daß Familienuntersuchungen, auch sorgfältig vorgenommene und mit Zwillingsstudien verbundene, wenn sie kritisch geprüft werden, anscheinend wenig Aufschluß bringen. Zusammenfassende Arbeiten, wie die von skandinavischen Autoren, besonders von J. A. Böök, haben wahrscheinlich gemacht, daß es in bestimmten isolierten Gebieten besondere Typen von Geisteskrankheiten gibt, die als Schizophrenie diagnostiziert werden können.

Daneben gibt es Beispiele von geistigen Störungen, die anscheinend wie dominante, monogene Merkmale von den Eltern auf die Kinder weitervererbt werden. Hierzu gehören einige verbreitete Typen emotioneller Störungen, die unter dem Begriff „manisch-depressives Irresein" zusammengefaßt werden. Obgleich manchmal mehr als ein Familienmitglied daran leidet, ist die Vererbung unregelmäßig, und mehrere Gene könnten die genetische Ursache sein. Die seltene dominante Krankheit Chorea Huntington verhält sich dagegen ganz anders. Man weiß, daß sie von einem einzelnen Gen in heterozygoter Form verursacht wird, ganz gelegentlich jedoch als Neumutation entsteht.

Ganz allgemein steht fest, daß es viele verschiedene Arten von Geisteskrankheiten gibt, und bei einigen von ihnen genetische Faktoren entscheidend sind. Bei mindestens ebenso vielen anderen werden sie ganz von Umweltfaktoren aus der Lebensgeschichte des Patienten überschattet. Der chemische Vorgang bei abnormen Funktionen des Gehirns wird jetzt ausgiebig erforscht, aber bis heute ist wenig Sicheres darüber bekannt. Eines Tages werden solche chemischen Forschungen jedoch helfen, die Ungewißheit über die Rolle, die die Vererbung bei den üblichen Geisteskrankheiten spielt, zu beseitigen, ebenso, wie dies schon in bezug auf die Ursachen starker Intelligenzstörungen geschehen ist.

Genetische Voraussagungen

Eine der wichtigsten Anwendungen, die von der Kenntnis der Genetik erwartet wird, ist die Voraussage, nicht nur der normalen Variationen, wie der Körpergröße, sondern auch besonderer Krankheiten oder Empfindlichkeiten bei Kindern bestimmter Eltern. Für eine richtige Prognose sind möglichst genaue Informationen über die Abstammung notwendig. Der Leser wird bemerkt haben, daß der erbliche Anteil an den Ursachen häufiger Krankheiten, leichter wie schwerer, nur sehr unzureichend bekannt ist. In der Humangenetik gilt ein Merkmal als häufig, das häufiger als 1 auf 1000 vorkommt. Wenn die Häufigkeit größer als 1% ist, sagen wir, daß das Merkmal sehr häufig ist. Anenzephalie, Mongolismus und Schizophrenie sind also alle häufig, ebenfalls z. B. Tuberkulose und Epilepsie. Bei allen diesen Krankheiten wird die genetische Voraussagung ungenau sein.

Bei seltenen Defekten oder Anomalien, also bei solchen mit einer Häufigkeit weit unter 1 auf 1000, kann die Ursache manchmal sehr genau bestimmt werden, z. B. bei Phenylketonurie und Alkaptonurie. Bei verbreiteten Mißbildungen und Krankheiten können wir gewöhnlich nicht so etwas, wie einen klar definierten biochemischen Unterschied zwischen befallenen und unbefallenen Personen, feststellen. Man kann zwar grundsätzlich annehmen, daß die beteiligten genetischen Faktoren letztlich eine chemische Wirkung haben, aber die Zahl der Schritte zwischen den Anweisungen des Gens und dem Endergebnis kann sehr groß sein. Es ist schwer zu verstehen, wie eine Person infolge einer einzelnen chemischen Besonderheit zu viele oder zu wenige Finger an den Händen haben kann. In den meisten Fällen entsteht die Abnormität durch das Zusammenwirken mehrerer Genloci und vieler Umwelteinflüsse während der Entwicklung. Anscheinend werden besonders die häufigen Gene in ihrer Wirkung von anderen

Genen und von der Umwelt beeinflußt. Ihre Wirkung ist von einer Vielzahl nicht genetischer Einflüsse überdeckt.

Medizinische Berater werden oft nach der Wahrscheinlichkeit der Wiederkehr verbreiteter Mißbildungen oder sonstiger Krankheiten bei zukünftigen Kindern gefragt. Diese Fragen sind ausgesprochen schwierig zu beantworten, weil das Urteil nur auf Erfahrungswerten beruhen kann. Die Situation ist ganz anders, wenn ein genauer Erbgang bekannt ist und wenn ein einzelnes Gen verantwortlich zu sein scheint. Im Falle eines bekannten rezessiven Merkmals ist die Antwort leicht zu finden. Die Wahrscheinlichkeit, ein weiteres befallenes Kind in einer Geschwisterschaft zu finden, in der das Leiden schon aufgetreten ist, ist eins zu drei. Aber bei Merkmalen, wie Anenzephalie, Diabetes oder Schizophrenie, kann die Antwort nur nach Auswertung solcher Familien gegeben werden, bei denen das geplante Experiment schon unbeabsichtigt vorgenommen worden ist. Voraussagen für künftige Kinder bei derartigen Merkmalen können also nur auf empirischer Grundlage beruhen; solche Fragen sind praktisch am häufigsten.

Der Mongolismus diene als Beispiel. Man kann hier auf Grund ausführlicher Untersuchungen grob schätzen, daß für eine Mutter, die schon ein solches Kind hat, die Wahrscheinlichkeit, ein weiteres Kind mit Mongolismus zu bekommen, ungefähr doppelt so groß ist, wie für eine gleichaltrige Mutter, die noch kein befallenes Kind hat. Die Mutter, oder ausnahmsweise auch der Vater, kann jedoch gesund sein und trotzdem eine Chromosomentranslokation tragen, die unter bestimmten Bedingungen beim Kind Mongolismus verursacht. In diesem Fall ist die Wahrscheinlichkeit, ein zweites mongoloides Kind zu bekommen, beträchtlich und hängt nicht vom Alter der Mutter ab.

Sogar bei seltenen Merkmalen führten ungenaue Angaben älterer Lehrbücher zu falschen Schlußfolgerungen. So wurde z. B. angenommen, Taubstummheit sei fast immer die homozygote Manifestation eines rezessiven Gens. Deshalb vermutete man allgemein, daß alle Kinder nach den Mendelschen Regeln ebenfalls taubstumm sein müßten, wenn beide Eltern taubstumm seien. Von Zeit zu Zeit sind Ausnahmen von dieser Regel beobachtet worden, jedoch ohne die allgemeinen Vorstellungen der klassischen Humangenetik zu beeinflussen. Eine kürzlich von A. C. STEVENSON angestellte Gesamterhebung über die Taubstummheit in Nordirland zeigte, daß die alte Regel außerordentlich unzuverlässig war. Der Grund dafür ist, daß Taubstummheit nicht nur auch durch intrauterine Infektionen oder andere Umweltursachen entstehen kann, sondern daß auch die erblichen Fälle nicht alle identisch sind. Wenn die Eltern nicht an genau derselben

Art von rezessiver Taubheit leiden, werden die Kinder der Krankheit völlig entgehen. Die Beurteilung der Prognose für die Erkrankung an einer bestimmten Erbkrankheit in zukünftigen Generationen darf also nicht über den Daumen gepeilt werden, sondern muß jeweils unter Berücksichtigung aller erreichbaren Informationen geschehen. Auch dann wird sich die Prognose durch die eintretenden Ereignisse häufig als ungenau erweisen.

Eine der genauesten genetischen Voraussagen ist gelegentlich bei geschlechtsgebundenen Merkmalen möglich. Wenn bekannt ist, daß eine Frau Hämophilie-Überträgerin ist, weil sie einen befallenen Bruder und einen befallenen Sohn oder einen befallenen Vater hat, können wir sicher sein, daß für ihre Söhne die Erkrankungswahrscheinlichkeit ein halb und für die Söhne ihrer Töchter die Wahrscheinlichkeit ein viertel gilt. Wenn eine Frau dagegen nur einen hämophilen Sohn hat und keine anderen befallenen Verwandten, dann ist die Wahrscheinlichkeit des wiederholten Auftretens bei späteren Kindern ungewiß, weil eine Neumutation vorliegen kann.

Besondere Bedeutung des Vaters

Bei vielen bisher besprochenen Beispielen wurde festgestellt, daß die Bedeutung der Mutter für die Ausprägung eines Merkmals bei den Kindern größer ist als die des Vaters. Dies gilt ganz sicher, wenn es sich um Geschlechtsgebundenheit handelt, ebenso bei Merkmalen, die von der vorgeburtlichen Umwelt beeinflußt werden, viele Typen von Mißbildungen eingeschlossen. Das Alter der Mutter, nicht das des Vaters, ist ein bedeutender Faktor beim Mongolismus. Bei einigen seltenen Mißbildungen ist die Situation jedoch umgekehrt.

Die meisten Väter von chondrodysplastischen Zwergen sind völlig normal. Zum Zeitpunkt der Geburt des Kindes sind sie im Durchschnitt fünf Jahre älter als die Durchschnittsbevölkerung. Eine entsprechende unmittelbare Abhängigkeit vom Alter der Mütter besteht nicht. Diese Zwerge sind also heterozygot für ein Gen, das vermutlich durch Neumutation in den Keimzellen des Vaters entstanden ist. Auch bei einigen anderen seltenen Mißbildungen steigt das Risiko in ähnlicher Weise mit dem Alter der Väter an. Dies könnte darauf hinweisen, daß gelegentlich während der Spermatozoenbildung eine Störung bei der Verdopplung des genetischen Materials entsteht. Ein erheblicher Prozentsatz der Spermien von normalen Männern ist abnorm gestaltet, manche haben sehr große oder sogar zwei Köpfe. Die meisten Fälle vom Turner-Syndrom beruhen auf einem Fehlen des

Geschlechtschromosoms im Spermium. Manche triploiden Embryonen sind Folge einer Befruchtung einer normalen Eizelle mit zwei Spermien.

Wenn Mutationen überhaupt nicht in Erscheinung treten, wie bei häufigen autosomalen Merkmalen, z. B. bei den Blutgruppen, dann ist der Beitrag des Vaters zu diesem Merkmal genauso hoch wie der der Mutter. Diese Tatsache wird gelegentlich ausgenutzt, um in einem fraglichen Fall die Vaterschaft auszuschließen. Wenn ein Kind ein Gen besitzt, wie das der Blutgruppe B, das die Mutter nachweislich nicht hat, dann muß der Vater es gehabt haben. Bei Fällen, bei denen in bezug auf ein gut erkennbares dominantes Merkmal eine solche Situation besteht, ist es also möglich, eine Vaterschaft auszuschließen. Es ist zwar manchmal möglich zu beweisen, daß ein Mann nicht der Vater eines bestimmten Kindes sein kann, aber niemals ist es möglich, positiv zu beweisen, daß er der Vater ist.

Zwei oder mehr mutmaßliche Väter können in bezug auf ihre relative Ähnlichkeit mit einem bestimmten Kind verglichen werden, und die Wahrscheinlichkeit ihrer Vaterschaft kann abgewogen werden. Während der vergangenen Jahrzehnte wurde in Deutschland viel über den Wert körperlicher Merkmale bei Vaterschaftsfragen gearbeitet. Haar- und Augenfarbe, die Form der Nase und die Handlinien sind verwandt worden. Die Ergebnisse sind immer zweideutig, sie können aber als stützende Hinweise für einen positiven Befund verwandt werden, wenn die Blutgruppen nicht schon einen Ausschluß bewirkt haben. Man könnte denken, daß geschlechtsgebundene Gene helfen können, aber auch sie sind unzuverlässig. Ein Gen für Farbenblindheit kann z. B. nicht vom Vater auf den Sohn vererbt werden, aber dies heißt nicht, daß ein farbenblinder Junge nicht auch einen befallenen Vater haben kann. Wie in Abb. 22 (S. 68) zu sehen ist, ist dies gut möglich, denn der Junge kann das Gen für Farbenblindheit von seiner Mutter erhalten. In Zukunft könnten auch kleine, normalerweise häufig vorkommende Besonderheiten der Chromosomen bei der Vaterschaftsdiagnostik Bedeutung erlangen.

Genetik und Krebsforschung

Es ist schon lange bekannt, daß in mikroskopischen Schnitten schnellwachsender Tumoren abnorme Zellteilungen vorkommen, und man vermutet, daß hieraus Zellen mit unterschiedlichem Chromosomengehalt entstehen. Trotzdem hat nur eine kleine Zahl von Zellkulturen aus Krebsgewebe und anderen Tumoren einen abnormen Chromosomensatz und auch dann nur selten in allen Chromosomen. Im Anfangsstadium einer Leukämie sind die Chromosomen einer Blutkultur meistens normal. Eine Strahlentherapie oder auch eine Behandlung mit Medikamenten, die speziell die abnormen Zellen beseitigen sollen, führt häufig zu Chromosomenstörungen. Bei einer chronisch verlaufenden Form der Leukämie wurde aber regelmäßig eine bestimmte Anomalie gefunden, nämlich ein Bruch mit anschließendem Verlust eines Teils des kleinsten Chromosoms, Nr. 22. Eine Deletion eines Teils eines mittelgroßen Chromosoms, wahrscheinlich Nr. 14, wurde bei einem Teil der Patienten mit einem erblichen Augentumor gefunden, der Retinoblastom heißt und meist als Mutation entsteht und dann dominant weitervererbt wird.

Es gibt drei verschiedene Theorien über die Zusammenhänge zwischen Chromosomen und Krebs. Die erste ist die, daß die Chromosomenabnormität selbst die betroffenen Zellen zu unkontrollierter Teilung und ungezügeltem Wachstum disponiert. Die zweite ist die, daß eine oder mehrere Genmutationen zu malignen Veränderungen der Zellen führen, und daß die Chromosomenveränderungen nur sekundäre und zufällige Ereignisse sind. Die dritte Theorie ist, daß sowohl die Tumoren als auch die Chromosomenabnormitäten in den entsprechenden Zellen von bestimmten virusartigen Teilchen im Zellkern oder Zytoplasma hervorgerufen werden.

Die zweite und dritte Theorie lassen sich eher mit unserer Kenntnis über die erbliche Neigung zur Tumorentstehung in Einklang bringen als die erste. Aus Beobachtungen über mehrfaches Auftreten von Krebs in bestimmten Familien hatte man den Schluß gezogen, daß manche Leute ganz allgemein zur Entstehung bösartiger Krankheiten disponiert seien. Genaue Untersuchungen haben aber ergeben, daß es keine solche allgemeine erbliche Prädisposition gibt. Eine Neigung zur Entwicklung einer Reihe von bestimmten, dominant vererblichen Tumoren beruht wahrscheinlich auf einzelnen Genen. Ein Beispiel ist die seltene Polyposis des Dickdarms, bei der seltsam geformte polypenartige Drüsen in den Darmkanal hineinragen. Dies ist als solches harmlos, aber C. E. DUKE konnte nachweisen, daß die Gefahr, daß sich aus solchen Drüsen ein Krebs entwickelt, so groß ist, daß man den Betroffenen zu einer vorbeugenden chirurgischen Entfernung des Dickdarms raten muß. Hierdurch wird die Gefahr vollständig beseitigt. Wahrscheinlich wird die Neigung zu häufigen Formen des Krebses ebenfalls vererbt, über die Art der Vererbung ist bis jetzt jedoch noch nichts bekannt.

Andere Glieder der Beweiskette stammen von Versuchen über die Genetik von Tumoren bei Mäusen. Einige dieser Mäusetumoren werden durch Virus-Partikel hervorgerufen, die wie Parasiten im Zellkern wachsen. Diese bestehen aus demselben Material wie die Chromosomen, vorwiegend aus DNS, und sie können sogar Teilen der normalen Chromosomen angegliedert sein. Auch bei Viren kommen, genau wie bei Genen, Mutationen vor. Mutationen ändern die Information und können damit das Verhalten der Zellen verändern, die das mutierte Gen oder Virus im Zellkern beherbergen. Es scheint, daß einige Gene oder Viren besonders zu Mutationen neigen, die ein ungezügeltes Wachstum der behafteten Zellen, sogar auf Kosten benachbarter Zellen mit normalem Wachstumsverhalten, hervorrufen. Daher ist es verständlich, daß durch Bestrahlung oder chemische Mutagene in ausreichender Dosierung normale Zellen krebsig entarten können. Man weiß z. B., daß durch größere Dosen von Röntgenstrahlen auf das Knochenmark dort Leukämie entstehen kann.

Bösartige Tumoren entstehen häufig spontan bei solchen Individuen, die ein Gen mit einer Neigung zu einer entsprechenden Mutation haben oder Viren mit ähnlichen Eigenschaften in ihren Zellkernen beherbergen. In bestimmten experimentellen Situationen, z. B. bei den erblichen Tumoren von Mäusen, ist das Virus im Zellkern bereits in die bösartige Form mutiert, ist aber noch in die chromosomale DNS integriert und wird mit ihr vererbt.

Viele neue Ideen zur Behandlung des Krebses sind aus den Erkenntnissen über die Natur des Krebses entstanden, die die Genetik hervorgebracht hat. Das Ziel geht meistens dahin, die abnormen Zellen durch Störung ihres Vermehrungsmechanismus zu stören. Dies kann durch das Angebot von Substanzen erfolgen, die die Gene oder die Viren für natürliches Material zum Aufbau der DNS halten, die aber, einmal eingebaut, eine normale Vermehrung verhindern. Die am häufigsten verwandten chemischen Präparate, wie Stickstoff-Lost und ähnliche Substanzen oder radioaktive Isotope, zerstören aber das genetische Material und die Information vollständig. Wenn es gelingt, solche Substanzen in engen Kontakt mit dem schnell wachsenden Tumor zu bringen, lassen sich günstige therapeutische Erfolge erzielen.

VI. Eugenik

Das allgemeine Problem

Die Idee, einen Stamm von Pflanzen oder Haustieren durch Auswahl der besten Exemplare für die Zucht zu verbessern, ist schon sehr alt. Auch die Regel, die guten Stämme so rein wie möglich zu erhalten, ist schon lange bekannt. Bei Leviticus XIX, 19, finden wir das Gebot: „Du sollst dein Rindvieh nicht mit einer anderen Art kreuzen!" Daß solche Methoden auf die Dauer von Erfolg begleitet werden, beweist die Existenz der Haustiere und -pflanzen, die ihrer neuen Umwelt sehr gut angepaßt sind, etwa die Jersey-Rinder, die Schäferhunde und der Weizen.

Es hat Versuche gegeben, ähnliche Prinzipien auf den Menschen anzuwenden, besonders bei königlichen Dynastien. Bei den Ptolemäern haben zur Erhaltung des Erbgutes (oder des Reichtums) der königlichen Familie sogar Geschwister geheiratet. Weniger ausgeprägte Fälle von Aristokratien oder Kasten, die sich durch Inzucht schützen, sind verbreitet. In jüngster Zeit findet man dieselbe Idee in Vorschlägen von Eugenikern wieder, deren Ziel die Verbesserung einer bestimmten Klasse, eines Stammes oder einer Rasse ist. Ihrer Meinung nach sollte die Zucht einer Rasse gesunder Menschen von überlegener Gestalt und Intelligenz ebenso leicht sein wie die Zucht von Schäferhunden und Rennpferden. Dies glaubte jedenfalls GALTON, als er den Begriff „*Eugenik*" für die Wissenschaft der erblichen Verbesserung des Menschen oder der Tiere durch selektive Zucht oder andere Methoden prägte. Dabei treten aber theoretische wie praktische Schwierigkeiten auf.

Erstens hat man sich nicht darüber einigen können, welches die wünschenswertesten erblichen Merkmale sind. Soll der Geist gegenüber dem Körper bevorzugt werden, falls eine solche Wahl möglich ist, oder vielleicht die natürliche Abwehrkraft gegen Infektionen? Nehmen wir an, einige der wünschenswertesten Merkmale, wie gute Sitten, gut entwickeltes Sozialempfinden und seelische Gesundheit, hingen vorwiegend von der Erziehung und Ausbildung in früher Jugend ab, dann wird ihre Ausprägung von den eugenischen Maßnahmen nicht beeinflußt werden. Zweitens ist die Variabilität als solche zu begrüßen, weil sie eine Möglichkeit zur Anpassung bietet. Wenn ein Typ sich in einer bestimmten ungünstigen Situation nicht durchsetzen kann, ist vielleicht ein anderer dazu in der Lage.

Eine besondere Schwierigkeit besteht darin, daß Inzuchtstämme zu relativer Unfruchtbarkeit neigen. Um die Fruchtbarkeit wiederzugewinnen, müssen die Stämme gekreuzt werden, und folglich wird der ganze Plan für die Zucht einer reinen Rasse mit allen wünschenswerten Genen hinfällig. Eines der grundlegenden Probleme betrifft also die Erhaltung ausreichender Fruchtbarkeit. Man hat beobachtet, daß Mischlinge oder Bastarde oft fruchtbarer sind als reine Stämme. Dadurch verändert sich der Wettstreit zwischen den Mischlingen und den erblich Reinen zugunsten der Mischlinge. Dies gilt in besonderem Maße für die Pflanzenzucht, bei der der wirtschaftliche Wert der sog. Hybriden (Bastarde) gut bekannt ist. Sie sind gewöhnlich nicht nur fruchtbarer als reine Stämme, sondern wachsen auch üppiger.

Aus diesen Überlegungen wird deutlich, daß das Problem der Verbesserung von Stämmen durch selektive Zucht äußerst schwierig ist. Wenn die Fragestellungen nicht sehr begrenzt sind, findet man selten klare Antworten. Einige der besonderen Probleme im Zusammenhang mit humangenetischen Gesichtspunkten sollen im Folgenden etwas ausführlicher besprochen werden.

Eugenisch ungünstige Wirkungen der Zivilisation

Das weit verbreitete Gefühl, daß irgendetwas zur Verbesserung der menschlichen Rasse durch Anwendung eugenischer Maßnahmen geschehen muß, ist meist mit einem Unbehagen über den gegenwärtigen Zustand verbunden. Fast alles, was mit der genetischen Konstitution der folgenden Generation zusammenhängt, ist den emotional bedingten Zuneigungen der Individuen oder dem blinden Zufall überlassen. Das Unbehagen ist in bezug auf geistige Merkmale besonders groß. Die Tatsache, daß der Mensch einen hohen Grad geistiger Entwicklung erreicht, ein großes Gehirn entwickelt und dieses für die Gestaltung der Zivilisation angewandt hat, zeigt, daß es mit ihm in der Vergangenheit im eugenischen Sinn nicht bergab gegangen ist. Viele maßgebende Leute haben jedoch die Befürchtung ausgesprochen, daß jüngere soziale Erscheinungen, insbesondere die medizinische Wissenschaft, der Menschheit auf lange Sicht viel mehr schaden als helfen.

Sie glauben, daß die gegenwärtigen Entwicklungen den Regeln der Eugenik nicht entsprechen, das heißt, daß sie „*dysgenisch*" sind.

Man hat oft betont, daß die Zivilisation die Untauglichen erhält. Durch die erhöhte Vermehrungsrate der Minderbegabten und durch die Tendenz, daß in den höheren und leitenden Berufsständen Kinderreichtum als eine wirtschaftliche Last betrachtet wird, sät sie selbst den Samen für ihre eigene biologische Auslöschung. Sehr viele Forscher, die sich ernsthaft mit diesem Problem befaßt haben, haben mit Bestimmtheit eine allgemeine Abnahme der körperlichen Leistungsfähigkeit und des Intelligenzgrades vorausgesagt. Im Jahre 1912 hat K. Pearson geschrieben, daß wir „schon den Mangel an begabten Männern in England fühlen", weil wir „die wirksamen, wenn auch zuweilen groben, Methoden der Natur zur Verbesserung unseres Stammes" unwirksam gemacht hätten. R. B. Cattell hat 1937 darauf aufmerksam gemacht, daß sich unsere Bevölkerung vorwiegend aus den Minderwertigen ergänze und dasselbe gelte auch für andere Zivilisationen. Diese Ansicht wird durch eine in den USA, Großbritannien und vielen anderen Ländern wiederholt gemachte Beobachtung unterstützt, daß die Fruchtbarkeit mit der Intelligenz negativ korreliert ist.

Unterschiedliche Fruchtbarkeit und Intelligenz

Dieser negative Zusammenhang wurde auf zwei Weisen dargestellt. Man kann etwa die Berufe der Väter nach den vermutlichen Intelligenzgraden ordnen, also Freiberufliche und Unternehmer höher als Angestellte, Vorarbeiter höher als gelernte Arbeiter, ungelernte höher als Gelegenheitsarbeiter usw. Man findet dann, daß die Angehörigen der niedrigen Einkommensklassen durchschnittlich mehr Kinder haben als die der höheren Einkommensklassen. Eine einfachere Methode ist es, alle Kinder einer beliebigen Schule Intelligenztests zu unterziehen. Gleichzeitig werden die Kinder nach der Zahl ihrer Geschwister gefragt. Dabei stellt man fest, daß die Familiengröße mit den Testergebnissen negativ korreliert ist. Im Durchschnitt haben also die Kinder mit guten Testergebnissen wenige Geschwister, die mit schlechten Ergebnissen dagegen viele. Diese beiden Beobachtungen führten C. Burt 1946 zu dem Schluß, daß „Kinder aus den ärmsten sozialen Klassen nicht nur einen Intelligenzquotienten haben, der um fast zwei Jahre unter dem von Kindern aus besseren sozialen Klassen liegt, sondern auch aus Familien stammen, die fast doppelt so groß sind".

Die Situation ist noch schwieriger durch die Neigung der Menschen, einen Partner mit vergleichbarem Intelligenzgrad zu heiraten. Dies ist ein Beispiel eines wichtigen Phänomens der menschlichen Gesellschaft, nämlich die allgemeine Tendenz zur gezielten Partnerwahl, in dem Sinne, daß gleich und gleich häufig zusammenfinden. Dies gilt für viele körperliche Merkmale, ist aber besonders ausgeprägt bei geistigen Eigenschaften. Hierdurch wird die von BURT beschriebene Ungleichheit noch verstärkt. Spätere Untersuchungen in den USA haben aber Zweifel an dem allgemeinen Prinzip dieser Art negativer Unterschiede in der Fruchtbarkeit aufkommen lassen. Nach C. J. BAJEMA ist die Kinderzahl in den Gruppen besonders hoher Intelligenz größer als in der allgemeinen Bevölkerung. Damit liegen die Unterschiede in der Fruchtbarkeit genau anders herum: Man muß erwarten, daß der Intelligenzgrad von Generation zu Generation zunimmt.

Wenn alle Variationen der Intelligenz durch die Erziehung, das häusliche Milieu, die Ernährung usw. bedingt wären, wären alle eugenischen Maßnahmen völlig unwirksam. Die Züchtung von Stämmen mit hoher Intelligenz wäre sinnlos, denn dasselbe Ergebnis wäre durch die Zucht von Stämmen mit niedriger Intelligenz zu erzielen. Der nächste wichtige Schritt ist also die Bestimmung des Einflusses erblicher Faktoren auf den Intelligenzgrad der einzelnen Personen.

Untersuchungen von Familien mit berühmten Mitgliedern überzeugten GALTON davon, daß geistige Fähigkeiten in hohem Grade erblich seien. Die moderneren Methoden mit Anwendung von Intelligenztests führen im ganzen zu einem ähnlichen Schluß: Kinder ähneln in bezug auf geistige Fähigkeiten ihren Eltern ungefähr ebenso stark, wie in bezug auf die Körpergröße. Dasselbe gilt auch für Geschwister untereinander. Das heißt natürlich nicht, daß Körpergröße und Intelligenz auf dieselbe Ursache zurückgehen. Es gibt zwischen ihnen eine Korrelation, die aber sehr gering ist. PEARSON hat die Kopfgröße unter diesem Gesichtspunkt untersucht und einen geringen positiven Zusammenhang mit geistigen Fähigkeiten festgestellt. Kluge Personen haben im allgemeinen etwas größere Köpfe als dumme. Für sich betrachtet ist die Kopfgröße allerdings ein sehr unsicherer Hinweis auf die Intelligenz, nicht viel besser als die Körpergröße oder das Gewicht. Die Qualität des Gehirns ist wichtiger als seine Größe.
Trotzdem wurden mehrfach negative Korrelationen zwischen Körpergröße und Familiengröße und zwischen Körpergewicht und Familiengröße beschrieben. Die allgemeine Tendenz, daß große Personen weniger Kinder als kleinere Personen haben, wurde von J. MAXWELL an Hand einer Analyse von Erhebungen an schottischen Kindern bestätigt.

Veränderungen durch die Umwelt

Der beobachtete Zusammenhang zwischen Körpergröße und Intelligenz ist zwar nur gering, aber doch wirklich vorhanden. Daher wird oft vermutet, daß bei beiden Maßen nicht-genetische Faktoren, wie Ernährung und allgemeine Gesundheit, von besonderer Bedeutung sind. Es ist auffallend, daß seit den ersten Messungen vor ungefähr 100 Jahren Gewicht und Größe beim Durchschnitt der Schulkinder im ganzen Land ständig angestiegen sind. Die Kinder in Mitteleuropa sind heute mindestens 5 cm größer als damals. Es gibt kaum Hinweise dafür, daß die durchschnittliche Größe der Erwachsenen in derselben Zeit angestiegen ist, wenn auch das Gewicht vielleicht etwas zugenommen hat. Der Grund ist, daß die Kinder heute viel besser genährt und gesünder sind als damals. Dieser Unterschied zeigt sich in ihrem besseren körperlichen Zustand. Man könnte annehmen, daß zur gleichen Zeit eine geringe damit zusammenhängende Zunahme ihrer durchschnittlichen Intelligenz aufgetreten ist, wenn dies auch natürlich nicht bewiesen werden kann.

Auf Grund dessen, was man aus Experimenten über die Vererbung quantitativer Merkmale weiß, erscheint es unwahrscheinlich, daß die eingetretenen Verbesserungen auf einer Veränderung in der Gen-Struktur der Bevölkerung beruhen. Genetische Veränderungen gehen in Populationen mit langer Generationsdauer notwendigerweise langsam vor sich. Außerdem ist es schwierig, Veränderungen der Genhäufigkeiten in großen Populationen hervorzurufen. Die Blutgruppenhäufigkeiten z. B. verändern sich anscheinend von einer Generation zur nächsten nicht in bemerkenswertem Umfang. Bei quantitativen Merkmalen, etwa der Körpergröße, wäre die Wirkung der Selektion theoretisch noch langsamer. Der verbesserte Lebensstandard hat tatsächlich viel mehr erreicht, als durch eugenische Maßnahmen hätte erzielt werden können, selbst wenn sie mit der größtmöglichen Wirksamkeit durchgeführt worden wären.

Die Situation beim Menschen ähnelt etwas der, die die Rinderzüchter vor sich haben. Es ist bekannt, daß der Milchertrag bei Kühen durch sorgfältige Selektion erhöht werden kann. Dies ist aber ein sehr langsamer Vorgang. Obgleich der Milchertrag ein quantitatives erbliches Merkmal ist, wird er stark von der Umwelt beeinflußt, wobei die Fähigkeiten des Bauern eine ganz besondere Rolle spielen. J. M. RENDEL hat geschätzt, daß durch selektive Zucht jährlich maximal eine Steigerung von 2% erzielt werden kann. Mit geschickten Verbesserungen der Lebensbedingungen für die Kuh kann man dagegen oft sofort einen Anstieg des Milchertrags um 30% erreichen. Außerdem wäre es möglich, daß der Stamm, der genetisch in bezug auf den Milchertrag verbessert worden ist, in bezug auf andere nützliche Eigenschaften keine Fortschritte gemacht hat. Es ist unmöglich, sämtliche Merkmale zu verbessern. Rennpferde sind für die Landwirtschaft unbrauchbar. Man hat mit Erfolg Ratten gezüchtet, die eine bemerkenswerte Fähigkeit haben, sich durch Irrgärten durchzuwinden oder sich auf besonders konstruierte Situationen einzustellen. Sie sind aber nicht gleichzeitig auch in anderer Beziehung klüger geworden. Auch Tiere, die nicht selektiv für diesen Versuch gezüchtet worden sind, konnten durch gründliches Training große Fortschritte machen. In entsprechender Weise könnte man natürlich einen großen Teil der Variation geistiger Fähigkeiten des Menschen auf seine Erziehung zurückführen.

Genetische Grundlagen der Intelligenz: zu erwartende Folgen

Wenn man auch allgemein annehmen darf, daß die Intelligenz eine genetische Grundlage hat, ähnlich anderen kontinuierlich variierenden Merkmalen, z. B. der Körpergröße, so sind doch viele Besonderheiten zu berücksichtigen. Wie in einem früheren Kapitel dargestellt wurde, beruhen einige Typen von mangelnder Intelligenz sicher auf einzelnen Genen in homozygoter Form. Eine Reihe solcher rezessiver Krankheiten, z. B. die Phenylketonurie, ist genau erforscht worden. Daneben sind seltene geschlechtsgebundene Gene bekannt, die zu Schwachsinn führen, gelegentlich auch Fälle von dominanten, als Neumutation entstandenen Defekten.
Andererseits kann man aber die Variation innerhalb der sogenannten physiologischen Grenzen nicht leicht auf die An- oder Abwesenheit einzelner Gene zurückführen. Bei den Intelligenztests spricht man von einem Intelligenzquotienten, IQ, und nimmt an, daß die Durchschnittsperson einen IQ von 100 hat. Die normale Streuung bezieht sich auf alle Werte über 100 und hinunter bis zu einem IQ von 70. In diesen Bereich fällt das Zusammenwirken mehrerer Genpaare. Man nimmt an, daß das Zusammenwirken dieser Gene vom Standpunkt der IQ-Messung aus additiv ist. Mit anderen Worten, jedes Gen hat seinen Anteil am IQ-Wert. Einige Gene haben großen Anteil, andere kleinen, und sie wirken bei der Festlegung des Gesamtwertes unabhängig und kumulativ zusammen. Dies kann man als erste Annäherung an die wirklichen Verhältnisse betrachten. Die Beobachtungen von J. A. F. ROBERTS legen allerdings nahe, daß das multifaktorielle additive genetische System bis hinab zu einem IQ-Wert von 45 reicht. Dann hätte bei vielen Fällen von Intelligenzdefekten die Summe milder

Abnormitäten bei den Eltern zu schweren Abnormitäten beim Kind geführt.

Wenn man annimmt, daß die Intelligenz, ähnlich wie die körperlichen Maße, zu einem erheblichen Teil in der beschriebenen Weise vererbt wird, dann kann man mit Hilfe der negativen Korrelation mit der Familiengröße zukünftige Entwicklungen berechnen. Schätzungen vor 1947 sagten einen Intelligenzabfall von ein bis drei IQ-Punkten pro Generation voraus. Für die Körpermaße würde aus demselben Grunde ein Absinken von etwa einem halben Zentimeter pro Generation anzunehmen sein. Wie wir gesehen haben, gibt es aber keinen Anhalt für ein Absinken der Körpergröße der erwachsenen Bevölkerung. Statt dessen gibt es Beweise für eine Größenzunahme bei den Kindern. Dasselbe beobachtet man bei Intelligenztestwerten. Zwei Gruppentests bei allen schottischen Kindern in einem Abstand von einer halben Generation, in den Jahren 1932 und 1947, zeigten keine Tendenz für einen Abfall der IQ-Werte. Im Gegenteil, man hat einen durchschnittlichen Anstieg von etwa einem Punkt festgestellt. Dies wurde mit unterschiedlichen Lehr- und Testmethoden erklärt.

Wie ist es nun möglich, die beobachteten Zunahmen der Gesundheit, Größe und Intelligenz mit den Überlegungen in Einklang zu bringen, die einen Abfall aller dieser Merkmale in der Bevölkerung voraussagen, und doch dabei zu bleiben, daß Gene eine große Rolle bei ihrer Bestimmung spielen? Zwei Erklärungen sind möglich. Die erste ist, daß die Beobachtungen nicht richtig sind, daß es also keinen negativen Zusammenhang zwischen Intelligenz und Fruchtbarkeit gibt, daß also ein hoher Intelligenzgrad nicht mit einer verminderten Kinderzahl einhergeht. Die zweite Erklärung wurde bereits am Ende von Kapitel III bei der Besprechung des genetischen Gleichgewichts angedeutet. Wir können diese Theorie prüfen, indem wir ein charakteristisches Genpaar vom eugenischen Standpunkt aus betrachten.

Eine theoretische Population

Wir stellen uns eine Population vor, bei der die Intelligenz nur durch ein einzelnes Paar alleler Gene, A und a, mit additiver Wirkung bestimmt wird. Das heißt, der Meßwert des Merkmals bei den Heterozygoten, Aa, liegt gerade in der Mitte zwischen den Werten für die beiden Homozygoten, AA und aa. Nach dem Urteil von Fachleuten stellen ungefähr 10% der Bevölkerung wegen ihrer Minderbegabung ein soziales Problem dar. Diese minderbegabten Personen besitzen wahrscheinlich dominant vererbte Gene für niedrige Intelligenz. Bei

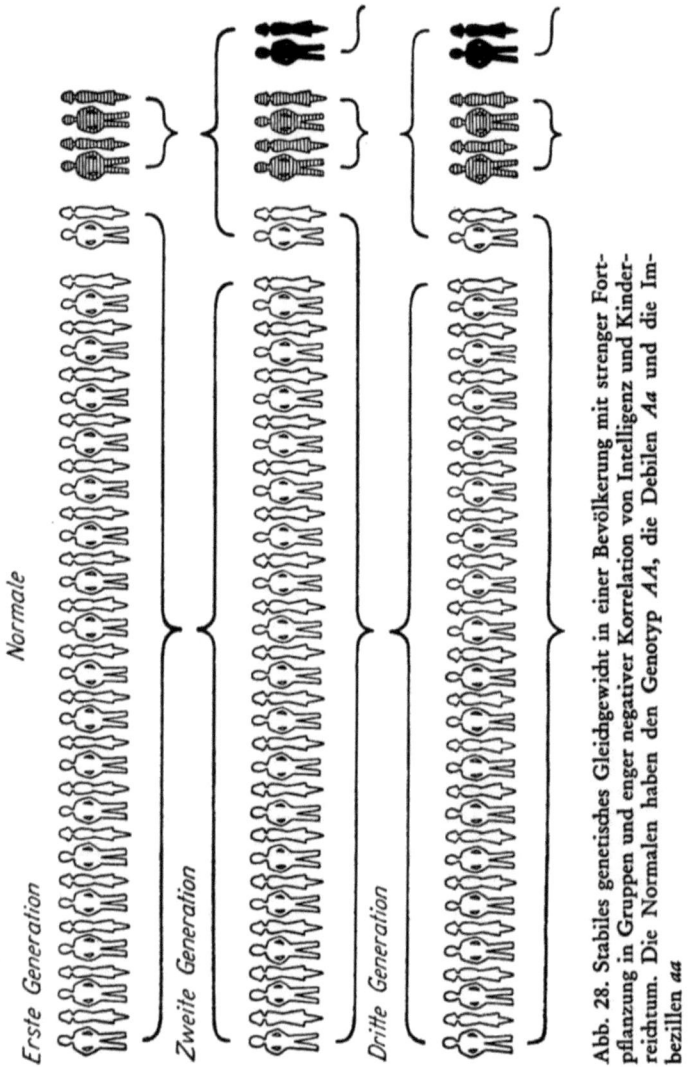

Abb. 28. Stabiles genetisches Gleichgewicht in einer Bevölkerung mit strenger Fortpflanzung in Gruppen und enger negativer Korrelation von Intelligenz und Kinderreichtum. Die Normalen haben den Genotyp AA, die Debilen Aa und die Imbezillen aa

unserem theoretischen Modell können wir annehmen, daß diese Personen heterozygot für das Gen *a* sind, das die Intelligenz herabsetzt. Diese Gruppe ist daneben mit einer besonders hohen Fruchtbarkeit ausgestattet. Die Familien sind bei ihnen doppelt so groß, wie eine Durchschnittsfamilie. Die Homozygoten *aa* sind vermutlich stark betroffen und hochgradig schwachsinnig durch den additiven Effekt des

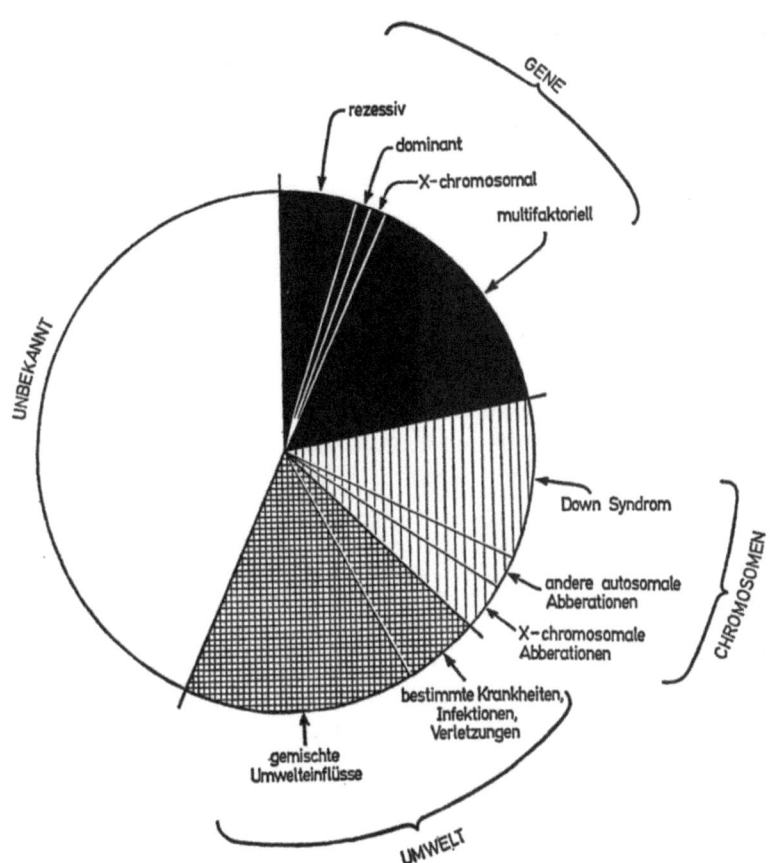

Abb. 29. Verteilung der Ursachen für geistige Minderbegabung. Die Schätzungen basieren auf einer großen Gruppe von Patienten beider Geschlechter und aller Altersstufen (s. PENROSE, 1970)

a-Gens. Außerdem müssen wir ehrlicherweise bei unserem Modell die gezielte Partnerwahl berücksichtigen, weil hierdurch die Schwierigkeiten, ein genetisches Gleichgewicht zu erzielen, noch vergrößert werden. Wir nehmen nun an, jedes normale Elternpaar bringe im Durchschnitt gerade etwas weniger als zwei Kinder hervor, jedes Paar von debilen Heterozygoten dagegen ein normales, zwei debile und ein imbezilles Kind. Wir setzen außerdem voraus, daß die Imbezillen sich nicht fortpflanzen. Dies entspricht auch ungefähr der Wirklichkeit. Diese Tatsache gleicht genau die erhöhte Fruchtbarkeit der debilen Eltern aus. Abb. 28 zeigt dieses Schema der Vermehrung (S. 116). Vom genetischen Standpunkt aus besteht ein Gleichgewicht. Es ist interessant, daß das debile Zehntel mit seiner erhöhten Fruchtbarkeit zur Ergänzung der normalen Bevölkerung beiträgt, die sonst in ihrer Gesamtzahl abnehmen würde. Dieses Gleichgewicht ist sogar stabil.

Dieses Modell mit nur einem einzigen Gen darf man natürlich nicht zu wörtlich verstehen. Man muß wissen, daß die meisten Fälle von schwerem Schwachsinn oder Imbezillität in Wahrheit nicht auf die im Modell beschriebene Art entstehen. Nur zu einem verhältnismäßig kleinen Teil ist bei den Eltern irgendeine Abnormität feststellbar.

Das Ergebnis einer Untersuchung über die Ursachen der Störung in einer sehr großen Gruppe von Schwachsinnigen zeigt Abb. 29. Nur etwa ein Viertel von ihnen gehört zu der Gruppe, bei der einzelne oder mehrere Gene zugrunde liegen. Manche Forscher glauben, ein viel höherer Prozentsatz leidet an erblich bedingtem Schwachsinn, andere dagegen sehen in Umwelt und Erziehung die entscheidenden Einflüsse.

Künstliche Besamung

Vom genetischen Standpunkt aus hängt die Zukunft des Menschen vom Vermehrungssystem ab. Eine praktische Frage entsteht dabei im Zusammenhang mit der Technik der künstlichen Besamung oder Insemination. Da in der Rinderzucht durch die Benutzung des Samens eines besonders guten Zuchtbullen zur Befruchtung vieler Kühe große Fortschritte erzielt worden sind, hat man vorgeschlagen, ähnliche Maßnahmen zur Verbesserung der menschlichen Bevölkerung anzuwenden. Wie bei allen eugenischen Maßnahmen bleibt jedoch das Hauptproblem die Entscheidung darüber, welche Merkmale wünschenswert sind. Wenn dieses gelöst ist, muß geklärt werden, welche Gene die wirksamsten für die Ausprägung solcher Merkmale sind. Schließlich müßte man in der Lage sein, zu erkennen, welche Gene ein vorgeschlagener männlicher „Spender" besitzt, um zu wissen, ob er die gewünschten vererben kann und nicht die als unbefriedigend erkannten. Bei jeder künstlichen Insemination wäre es auf jeden Fall empfehlenswert, alle bekannten Gefahren auszuschließen, also etwa eine *Rhesus*-Unverträglichkeit oder die Vereinigung der Keimzellen zweier Personen, die dieselbe rezessive Krankheit übertragen können.
Eine brauchbare Anwendung solcher Methoden für eugenische Zwecke liegt in weiter Zukunft. Viele Leute mögen dies für gut halten, denn die Tatsache, daß große Populationen in ihrer Konstitution sehr ähnlich sind, könnte kulturell langweilig sein, auch wenn sie eugenisch

wünschenswert erscheint. Außerdem ist die Variabilität innerhalb von Bevölkerungen, wie schon als allgemeines Prinzip betont wurde, biologisch günstig, weil sie die notwendige Energie für die Anpassung und Evolution bietet.

Negative Eugenik

Ähnliche Überlegungen entstehen im Zusammenhang mit der negativen Eugenik oder dem Versuch, schlechte Gene aus der Bevölkerung auszurotten. Es ist eine verbreitete Ansicht, daß es möglich sein sollte, die Weitergabe ungünstiger Gene durch Sterilisation oder ähnliche Maßnahmen zu verhindern und so die Häufigkeit erblicher Defekte in der Bevölkerung zu vermindern. Diese Seite der Eugenik ist heute aus vielen verschiedenen Gründen, ganz abgesehen von der Gefahr des Mißbrauchs aus politischen Motiven, viel weniger beliebt als früher. Man hat jetzt z. B. allgemein erkannt, daß der eugenische Effekt jedes oberflächlichen Sterilisationsplans im Vergleich mit den dazu notwendigen Anstrengungen sehr gering ist. Rezessive Anomalien werden nur selten über befallene Eltern verbreitet, sie treten meistens unter Kindern phänotypisch normaler Träger auf. Indem man die kranken Homozygoten an der Vermehrung hindert, kann man nur wenig erreichen, da sie sich sowieso nur wenig vermehren. Wenn sie aber Kinder haben, sind diese wahrscheinlich normal. Eine Krankheit durch die Sterilisation aller heterozygoten Träger zu bekämpfen, ist theoretisch möglich, jedoch äußerst aufwendig. Wenn tatsächlich, wie man allgemein glaubt, jede Person heterozygot für etwa fünf rezessive Anomalien ist, ist der Plan absurd. Das viel brauchbarere Mittel, Überträgern derselben Defekte von einer gemeinsamen Ehe abzuraten, würde das Vorkommen abnormer Homozygoter deutlich vermindern und wäre eugenisch empfehlenswert.

Es gibt eine Anzahl auf der Hand liegender praktischer Schwierigkeiten, die mit den Plänen negativer Eugenik verbunden sind. Die auffälligsten Schwierigkeiten betreffen die Kriterien, die zu der Entscheidung notwendig sind, ob man einem Individuum von der Fortpflanzung abraten oder es sogar daran hindern soll. Es ist unmöglich, eine genaue Linie zu ziehen und festzulegen, daß eine Person unterhalb davon minderbegabt ist, eine Person darüber jedoch nicht — außer auf der Basis rein willkürlicher und daher wissenschaftlich unbrauchbarer Regeln. Sterilisation ist eine „Alles-oder-Nichts"-Maßnahme, sie verlangt eine klare Ja- oder Nein-Entscheidung und ist deshalb nicht gut anwendbar, wenn es sich um abgestufte Merkmale handelt.

Ein weiterer wichtiger Punkt für die Wirksamkeit negativer Eugenik ist, daß die Individuen, die von der Fortpflanzung abgehalten werden sollen, erreicht werden müssen, bevor sie mit der Fortpflanzung beginnen. In Dänemark und North Carolina, wo genetische Sterilisationen legal ausgeführt werden, besteht ein großer Teil der so behandelten Fälle aus Frauen, die schon mehrere Kinder geboren haben und die vielleicht auch keine weiteren bekommen hätten, wenn die vorbeugende Maßnahme nicht durchgeführt worden wäre. Es ist natürlich sinnlos, Idioten und Imbezille zu sterilisieren, was man in Deutschland zwischen 1933 und 1940 häufig getan hat, denn mit Ausnahme ganz seltener Fälle haben sie sowieso keine Nachkommen.

Amniozentese

Eine für die Eugenik wichtige Entwicklung beruht auf der Möglichkeit, bereits über den noch im Mutterleib befindlichen Fetus Untersuchungen anstellen zu können, indem man der Gebärmutter etwas Fruchtwasser entnimmt. Die Entnahme, die allerdings erst von der 14. Schwangerschaftswoche an Erfolg verspricht, ist für die Mutter vollkommen harmlos. In der entnommenen Flüssigkeit bzw. an den darin enthaltenen Chromosomen kann man untersuchen, ob der Fetus an einer ererbten Störung leidet. Bei positivem Ausfall kann eine Schwangerschaftsunterbrechung medizinisch indiziert sein. In Zweifelsfällen besteht ausreichend Zeit zur Wiederholung des Tests. Zwar können auf diese Weise noch nicht alle erbbedingten Abnormitäten erkannt werden, aber ihre Zahl steigt mit unseren zunehmenden Kenntnissen über chromosomale und biochemische Störungen. So können z. B. heute schon manche biochemischen Störungen, die eine rezessiv erbliche Idiotie verursachen, erfaßt werden. Ein besonders eindrucksvolles Beispiel ist der Mongolismus, bei dem eine große Gefahr der Vererbung besteht, wenn ein Elternteil Träger der Translokation des Chromosoms Nr. 21 ist.
Der Nachteil der Methode liegt darin, daß die Patientin erst im 4. Schwangerschaftsmonat das Testergebnis erfährt und es dann häufig schon relativ spät für eine gefahrlose Schwangerschaftsunterbrechung ist. In den meisten Fällen, in denen der Test bisher durchgeführt wurde, war das Ergebnis jedoch günstig und konnte die Befürchtungen der werdenden Mutter beseitigen. Allerdings besagt ein negatives Ergebnis nichts über diejenigen erblichen Krankheiten und Mißbildungen zu deren Erfassung der Test noch nicht empfindlich genug ist.

Die menschliche Rasse

Es gibt bisher keinen genetischen Beweis dafür, daß die Menschheit nicht eine einzige Spezies ist. Die Chromosomenkonstitution ist bei allen Menschen gleich. Verbindungen zwischen Männern und Frauen jeder beliebigen nationalen, geographischen oder kulturellen Gruppe können fruchtbar sein und normale Nachkommen hervorbringen. Ehen von Europäern, Afrikanern, Indianern oder Ozeaniern mit allen verschiedenen Asiaten sind biologisch erfolgreich, ebenso alle anderen Kreuzungen zwischen diesen Gruppen.

Wenn zwei Populationen viele tausend Jahre lang getrennt waren, haben sie sich auf Grund der selektiven Kräfte ihrer jeweiligen Umwelt etwas verschieden entwickelt. Klima und Infektionskrankheiten sind zwei der wichtigsten selektiven Einflüsse. Vorteile und Nachteile durch den Besitz bestimmter Gensätze sind unter den verschiedenen Umständen nicht gleich. Dies könnte zu ausgeprägten Unterschieden in den Genhäufigkeiten der beiden Populationen geführt haben. Schließlich erscheinen die typischen Mitglieder solcher Populationen ganz anders als die typischen Mitglieder anderer isolierter Gruppen. Das Phänomen ist besonders deutlich bei Merkmalen wie Haar- und Hautfarbe, die nicht monogen vererbt werden. Der Grad genetischer Unterschiede zwischen lange getrennten Gruppen, die man etwas nachlässig als Rassen bezeichnet, kann am besten durch Untersuchung von Merkmalen bestimmt werden, die auf einzelne Gene in allelen Sätzen zurückgeführt werden können, also etwa die Blutgruppen oder die Hämoglobinvarianten. Im Falle der „Rassenmischung" finden wir dabei lediglich eine neue oder ungewöhnliche Kombination an mehreren verschiedenen Loci. Es gibt theoretisch keinen Anhalt dafür, daß eine solche neue Kombination schädlich sein sollte. Die Art von Unverträglichkeit, wie sie im *Rhesus*-System vorkommt, ist nicht speziell als Folge von Rassenmischungen festgestellt worden. Das Auftreten hängt von der Häufigkeit der verschiedenen *Rhesus*-Typen in der betreffenden Bevölkerung ab. Die Gefahr für Ehen innerhalb von Populationen ist genauso groß wie für Ehen zwischen Mitgliedern verschiedener Populationen.

Nach der Entwicklung in den letzten Jahrzehnten ist es sicher, daß in Zukunft mehr und mehr eine Vermischung der früher isolierten Menschengruppen erwartet werden muß. Die Folge davon wird während vieler Generationen ein Anstieg der Variation innerhalb der Populationen sein, das heißt, daß viele neue Genkombinationen auftreten werden. Im ganzen kann man dies als eine glückliche Entwicklung betrachten, weil sich dadurch die Zahl der angeborenen physischen und psychischen Reaktionsmöglichkeiten des Menschen auf seine schnell wechselnde zivilisierte Umwelt erhöhen wird.

Die gegenwärtige Tendenz der geographisch isolierten Gruppen, sich miteinander zu vermischen, und der damit einhergehende Abfall von Ehen zwischen Blutsverwandten, wird die Zahl der Homozygoten aller Art in der Bevölkerung erniedrigen. Folglich wird es bei den quantitativen Merkmalen, wie Körpergröße oder Hautfarbe, in jeder folgenden Generation im ganzen weniger extreme Typen geben. Die Neigung, einen ähnlichen Partner zu heiraten, ist allerdings ein sehr wesentlicher und gleichbleibender Faktor bei der Eheschließung. Eine solche gezielte Partnerwahl trägt zur Erhaltung der Homozygoten in der Bevölkerung bei. Die Merkmale, die bei Ehegatten besonders ähnlich sind, reichen von deutlich erblichen — wie Augenfarbe und Körpergröße — bis zu rein umweltbedingten Faktoren, wie Religion und Sprache. Wie schon betont, gehören zu den Ähnlichkeiten zwischen Mann und Frau auch ihre geistigen Besonderheiten, ihr Temperament, ihre besonderen Begabungen und der Intelligenzgrad. Soweit diese Merkmale erblich sind, werden durch die gezielte Partnerwahl die extremen Varianten auch nach Verschwinden der geographischen Isolate erhalten bleiben. Man kann erwarten, daß die lokalen genetischen Besonderheiten von Geschlechtern, Stämmen und sogenannten Rassen in der Zukunft weniger charakteristisch für die Menschheit sein werden als sie in der Vergangenheit waren. Wenn aber die gezielte Partnerwahl bestehen bleibt, wird sich die menschliche Gesellschaft auch weiterhin aus vielen verschiedenen Typen zusammensetzen.

Vor einiger Zeit haben H. J. MULLER und seine Schüler die Vermutung geäußert, die Menschheit trage als Folge von nachteiligen Mutationen eine genetische Belastung mit sich. Hierbei wurde vorausgesetzt, daß es für jeden einzelnen Locus ein optimales Allel gibt und daß im Vergleich zu diesem alle anderen mehr oder weniger nachteilig sind. Diese nachteiligen oder sogar schädlichen Wirkungen zeigen sich am deutlichsten bei Homozygoten. Die gegenteilige Ansicht, die den Ideen des Kapitels VI zugrunde liegt, geht davon aus, daß ein bestimmtes Maß an genetischer Belastung, d. h. Variation, unvermeidlich und normal ist. Ein erheblicher Anteil dieser natürlichen Variabilität ist genetisch in dem Sinne ausgeglichen, daß der Nachteil der Homozygoten einem leichten Vorteil der Heterozygoten gegenübersteht. Unter diesen Umständen kann es keine reine Vererbung der günstigen, nämlich Heterozygotenkonstitution geben, so daß eugenische Maßnahmen sinnlos wären. Wenn ein Gen, das in einer Beziehung ungünstig ist, in einer anderen Beziehung vorteilhaft ist, dann läßt sich nur schlecht einsehen, warum man es als Belastung ansehen soll. Eine praktische Schwierigkeit liegt in der Bestimmung der biologischen „fitness" oder, anders ausgedrückt, der Fruchtbarkeit. Eine um 10% über oder unter dem durchschnitt liegende Fruchtbarkeit kann kaum erkannt werden. Wie man aus Anhang C erkennen kann, würde ein Heterozygotenvorteil von 11% die nachteiligen Wirkungen eines letalen rezessiven Merkmals mit einer Häufigkeit von etwa 1% ausgleichen. Im Falle von meßbaren Merkmalen wie Körpergröße, Geburtsgewicht oder Intelligenz lassen sich relativ leicht Informationen über die relative Fitness erhalten. Ein mittleres Maß beruht wahrscheinlich auf mehr Heterozygotie und führt im ganzen zu einer höheren Fitness als die Extremmaße, die auf mehr Homozygotie beruhen. Bei diesen Beispielen kann man allerdings nur Vermutungen über die zugrunde liegenden Gene anstellen.

Eine neue Entdeckung kann die biologische Tauglichkeit, die eine Person durch den Besitz eines bestimmten Gens hat, völlig verändern. Einige Gene werden weniger schädlich als vorher, so daß sie langsamer durch die Selektion ausgemerzt werden. Ein gutes Beispiel hierfür bieten die Gene, die für den Diabetes mellitus prädisponieren. Durch die Entdeckung des Insulins überleben heute viele Diabetiker, die früher nicht hätten leben können, und haben Nachkommen. Es ist eine Ansichtssache, ob man die Diabetiker wegen ihrer Abhängigkeit von der künstlichen Lebenshilfe als Schwächlinge betrachten will. Sehr viele Leute wären ohne ihre Brille fast hilflos, trotzdem wird dies gewöhnlich nicht als Schande angesehen. Wir alle hängen in der Tat von der Kleidung ab, denn sie ist für ein fast haarloses Lebewesen, wie wir es sind, notwendig. Bei anderen Säugetieren werden Gene für Haarlosigkeit mit Recht als abnorm bezeichnet. Bei der Maus z. B. haben sie ein sowohl schädliches als auch scheußliches Ergebnis. Ein Gen für Haarlosigkeit wird aber weniger schädlich, wenn das Tier Kleidung erfinden kann. Es kann dann sogar vorteilhaft bei der Wärmeregulation werden.

Auf der anderen Seite gibt es Gene, die durch die Einführung der Hygiene schädlicher werden. Ein Beispiel dafür ist das Gen des Sichelzellmerkmals, das schon besprochen worden ist. Dieses Gen bietet einen gewissen Schutz gegen die Malaria. Wenn es aber keine Malaria mehr gibt, nützt es nicht mehr, sondern ist schädlich, weil es häufig Blutarmut verursacht. Unter hygienischen Bedingungen geht seine Häufigkeit durch Selektion zurück. Die Heilung einer parasitären Erkrankung führt damit zur Verbesserung der genetischen Struktur der Bevölkerung im eugenischen Sinne. Die Evolution des Menschen ist in der Vergangenheit vielleicht durch die Notwendigkeit gehemmt worden, Gene in der Bevölkerung zu erhalten, die nur für einen angeborenen Schutz gegen natürliche Gefahren, wie Infektionen, Klimaeinflüsse und Hunger sinnvoll sind. Jetzt werden nach und nach alle diese Gene überflüssig, und wenn sie Nachteile bedingen, werden sie langsam ausgerottet werden.

Manchmal ist behauptet worden, daß die natürliche Selektion infolge der Zivilisation und Medizin aufgehoben worden ist. Aus den Überlegungen, die in diesem Buch wiedergegeben worden sind, wird deutlich, daß eine solche Behauptung ganz falsch ist. Es ist eine Veränderung des selektiven Druckes gegen verschiedene Gene eingetreten, teils in der einen, teils in der anderen Richtung. Die Selektion gegen Gene, die ernste Defekte oder Krankheiten verursachen, ist bis jetzt nicht in nennenswertem Umfang verändert worden. Obgleich z. B. die Kindersterblichkeit an Infektionskrankheiten, Unfall oder schlechter Ernährung erheblich zurückgegangen ist, bleibt die große Mortalität durch angeborene Mißbildungen bestehen. Diese Situation wird sich wahrscheinlich solange nicht wesentlich ändern, bis viel mehr Einzelheiten über die Genwirkung und die Ursachen von Mutationen beim Menschen bekannt sind.

Sozialgenetik

Die Sozialgenetik untersucht den Einfluß von gesellschaftlichen Strukturen und deren Wandlungen auf die genetische Zusammensetzung und umgekehrt eventuelle Wirkungen genetischer Faktoren auf gesellschaftliche Strukturen. An mehreren Stellen dieses Buches wurden bereits Probleme dieser Art gestreift. Es wurde über den Einfluß der abnehmenden Häufigkeit von Verwandtenehen in unserer sich verändernden Gesellschaft für das Auftreten rezessiver Merkmale berichtet, ebenso über die Folgen der zunehmenden Durchmischung unserer Bevölkerung und der Völker dieser Erde. Da die Häufigkeit mehrerer Erbmerkmale deutlich vom Alter der Mutter oder des Vaters abhängt, liegt der Vorteil des in den letzten Jahrzehnten stark abgenommenen durchschnittlichen Heiratsalters für das Auftreten solcher Merkmale auf der Hand. Großen Raum schließlich haben wir dem Problem der unterschiedlichen Kinderzahlen in verschiedenen sozialen Schichten eingeräumt. Fast alle sozialen Veränderungen haben Rückwirkungen auf die genetische Zusammensetzung der Bevölkerung. Auch staatliche Verordnungen und Gesetze können genetische Wirkungen haben. Nicht nur sogenannte eugenische Gesetze, deren

Wert, wie wir gesehen haben, oft überschätzt wird, sind hier gemeint, sondern etwa auch Ehegesetze oder Einwanderungsgesetze. Selbst die Steuergesetzgebung kann sozialgenetisch relevant sein, denn die steuerliche Erleichterung für Kinderreiche im Sinne eines „Ausgleichs der Familienlasten" ist in verschiedenen Einkommensgruppen unterschiedlich wirksam. Auch einkommensunabhängige Kinderbeihilfen können wohl die Fortpflanzung der wirtschaftlich Schwachen fördern, nicht jedoch die der wirtschaftlich besser Gestellten. In diesem Sinne können auch der „soziale Wohnungsbau", Schulgeld- und Lehrmittelfreiheit, Milchsubvention und vieles andere einen mehr oder weniger starken genetischen Nebeneffekt haben.

Auch die große Politik bleibt nicht ohne Rückwirkungen. In politischen und wirtschaftlichen Krisenzeiten sind Änderungen des Fortpflanzungsverhaltens zu erwarten, die meist nicht alle Bevölkerungskreise oder Schichten gleichmäßig betreffen. Als Folge des letzten Krieges ist es in Mitteleuropa zu einer Wanderungsbewegung gekommen, die inzwischen zu einer starken Durchmischung von bisher getrennten Volksgruppen geführt hat.

Neben den staatverordneten Regelungen und Gesetzen können auch solche genetisch wirksam sein, die sich in der Gesellschaft selbst frei entwickelt haben, nämlich gewisse Tabus, Gewohnheiten oder Gebräuche, religiöse Vorschriften bis hin zu Moden, vor allem dann, wenn ihr Verbindlichkeitsanspruch nicht in allen gesellschaftlichen Gruppen in gleicher Weise akzeptiert wird. Die Gewohnheit, erst zu heiraten, wenn man Frau und Kinder ernähren kann, hatte bis vor wenigen Jahrzehnten in der bürgerlichen Gesellschaft eine weitgehend verpflichtende Gültigkeit. Durch eine Reihe gesellschaftlicher Wandlungen ist die Frühehe auch für diese Kreise heute möglich geworden, unter anderem durch die Erwerbstätigkeit der Ehefrau, was früher in sog. „besseren Kreisen" nicht üblich oder gar verpönt war. Die Emanzipation der Frau, die zu ihrer geistigen Unabhängigkeit und Weiterbildung geführt hat, hat erst den Boden geschaffen für die Ausbreitung der Geburtenkontrolle. Neben dem Bildungsgrad sind es auch religiöse Bindungen, die zu unterschiedlicher Anwendung der Geburtenkontrolle führen.

In den vergangenen Jahrhunderten war es die Zivilisation als solche, die durch den technischen wissenschaftlichen Fortschritt, durch veränderte Ernährungsgewohnheiten und ganz besonders durch die Vervollkommnung der ärztlichen Kunst und der Hygiene zu unterschiedlichen und wechselnden Auslesebedingungen führte. In unserer Zeit gewinnen die damit in Zusammenhang stehenden gesellschaftlichen

Wandlungen, die auf der ganzen Welt vor sich gehen, zunehmend an Bedeutung für die genetische Zusammensetzung der Menschheit.

Die Zukunft der Humangenetik

Es ist unumgänglich, daß sich die Humangenetik in der Zukunft, wahrscheinlich schon in sehr naher Zukunft, mehr und mehr auf biochemische Probleme konzentriert. Man kann den Menschen als einen äußerst komplizierten und gut funktionierenden chemischen Apparat auffassen. Die Aufklärung seiner Arbeitsweise ist nicht nur die Aufgabe des Physiologen, Pathologen, Biochemikers oder Mikrobiologen, sondern auch die des Genetikers.
Eine der zu erwartenden Entwicklungen ist die ausgiebige Anwendung der biochemischen Genetik auf die Medizin. Eine gute Kenntnis der genetischen Einflüsse auf die Erzeugung und Verteilung von Enzymen könnte schließlich zu einer Linderung oder Heilung vieler angeborener und anscheinend unheilbarer Krankheiten führen. Es gibt aber noch viel interessantere Möglichkeiten. Vielleicht kann die erbliche Substanz selbst künstlich beeinflußt werden.

Eine dieser Möglichkeiten bezieht sich auf einen Vorgang, der *Transduktion* genannt wird und ursprünglich bei Bakterien entdeckt worden ist. Hierbei kann ein Organismus Gene von einem anderen derselben Art erhalten. Dies geschieht durch Übertragung der chemischen Substanz des Zellkerns, der DNS, die die genetischen Anweisungen enthält. Da dabei neue Zusammenstellungen von Allelen entstehen, ähnelt dieser Vorgang der geschlechtlichen Vermehrung höherer Organismen. Eine Möglichkeit, ein Gen in einem Chromosom zu verändern, könnte darin bestehen, ein Virus als Übermittler zu verwenden. Die Vorstellung ist die, daß ein Virus unter bestimmten Umständen eine Affinität zu einem Chromosom des Wirts hat, das eine ähnliche Gen-Zusammensetzung hat, so daß so ein krankhaftes Gen ersetzt werden kann. In Gewebekulturen wurden ähnliche Versuche bereits unternommen. Natürlich müßte man größte Vorsicht walten lassen, wenn man einer lebenden Person ein Virus injiziert. Möglicherweise lassen sich eines Tages durch Herstellung jeweils benötigter Gene bessere Ergebnisse erzielen. Der Weg, wie sie in die Zellen zu bringen sind, ist allerdings bisher unbekannt.
Eine große Zahl wichtiger Forschungsergebnisse wurde durch die Methode der Gewebekultur menschlicher Zellen gewonnen. Durch die neuen Techniken von T. C. Hsu, W. T. T. Puck und ihren Mitarbei-

tern konnten tatsächlich sehr bedeutende Entdeckungen über das Zellwachstum und über die menschliche Chromosomenstruktur gemacht werden. Inzwischen haben die Chromosomenuntersuchungen von C. E. FORD, L. LEJEUNE, PATRICIA A. JACOBS und anderen bei bestimmten Anomalien die genauen Deutungen ermöglicht, die in Abb. 26 (S. 94, 95) wiedergegeben sind.

Anderer Gewebekulturtechniken hat man sich bedient, um Fragen der Kopplung zu untersuchen. Hierzu gehören Hybridisierung menschlicher Zellen, normaler mit abnormen oder auch normaler Zellen mit Zellen anderer Spezies, z. B. von Mäusen. Eine weitere Methode liegt darin, Viren zu verwenden, um Chromosomen zu teilen oder aus der Kultur zu entfernen. Wenn dabei gleichzeitig bestimmte Enzyme verlorengehen, läßt sich das entsprechende Gen lokalisieren. Alle diese Methoden müssen gleichzeitig mit klinischen Untersuchungen an Patienten und mit Familienuntersuchungen erfolgen, um größtmögliche Informationen über die Vererbung beim Menschen zu erlangen.

Wie alle Entwicklungen der Wissenschaft, bringt der Fortschritt der Humangenetik außer dem möglichen Nutzen auch Gefahren für das Glück des Menschen. Manche Menschen möchten lieber nichts über ihre ungünstigen Gene wissen. Wichtiger ist die Möglichkeit des Mißbrauchs solcher Kenntnis durch skrupellose Politiker. Eugenische Prinzipien können als Entschuldigungen für grausame Zwangsmaßnahmen mißbraucht werden. Im Verhältnis dazu muß die zunehmende Kenntnis über Kontrollmöglichkeiten der Vererbung des Menschen allerdings mehr guten Einfluß haben, wenn eine falsche Anwendung anscheinend vernünftiger und einleuchtender Vorschläge vermieden werden kann.

Nach der Ansicht vieler Wissenschaftler ist eines der ernstesten Probleme der Menschheit nicht deren Qualität, sondern deren Quantität. Wahrscheinlich wird sich die Weltbevölkerung in den nächsten 50 Jahren mehr als verdoppeln. Man hat hochgerechnet, daß es dann im Jahre 2600 in den Vereinigten Staaten mehr als vier Personen pro Quadratmeter geben wird. Ohne Zweifel ist die allgemeine Anwendung der Geburtenkontrolle eine dringende Notwendigkeit. In der Zwischenzeit werden, solange die genetische Variation erhalten bleibt, ständig neue und interessante Merkmalskombinationen entstehen, sozusagen als Nebenprodukt in dem ungeheuren Experiment der menschlichen Evolution.

Anhang

A. Mathematischer Beweis des Hardy-Weinbergschen Gleichgewichts

Ausgangswerte:

Allele Gene	Zugehörige Häufigkeit	Zahlenbeispiel	Autosomale Genotypen	Häufigkeit in der Bevölkerung	Zahlenbeispiel
A	p	9	AA	p^2	81
			Aa	$2pq$	18
a	q	1	aa	q^2	1
Zusammen	1	10	Alle Typen	1	100

Werte nach einer Generation mit „random mating":

Eltern ♂ ♀	Häufigkeit der Ehetypen	Häufigkeit der Nachkommen AA	Aa	aa	Zahlenbeispiel AA	Aa	aa
$AA \times AA$	p^4	p^4	—	—	6561	0	0
$AA \times Aa$	$2p^3q$	p^3q	p^3q	—	729	729	0
$Aa \times AA$	$2p^3q$	p^3q	p^3q	—	729	729	0
$AA \times aa$	p^2q^2	—	p^2q^2	—	0	81	0
$Aa \times Aa$	$4p^2q^2$	p^2q^2	$2p^2q^2$	p^2q^2	81	162	81
$aa \times AA$	p^2q^2	—	p^2q^2	—	0	81	0
$Aa \times aa$	$2pq^3$	—	pq^3	pq^3	0	9	9
$aa \times Aa$	$2pq^3$	—	pq^3	pq^3	0	9	9
$aa \times aa$	q^4	—	—	q^4	0	0	1
Zusammen	1	p^2	$2pq$	q^2	8100	1800	100

B. Blutgruppen-Genhäufigkeiten in England

Genotypen	Berechnete Häufigkeit	Beobachtete Häufigkeit pro 1000 der Bevölkerung			
OO	r^2	436	436	436	
OA_1	$2\,rp_1$	276			
A_1A_1	p_1^2	044	349		
A_1A_2	$2\,p_1p_2$	029		446	
OA_2	$2\,rp_2$	092	097		1000
A_2A_2	p_2^2	005			
OB	$2\,rq$	081	085	085	
BB	q^2	004			
A_1B	$2\,p_1q$	025	025		
A_2B	$2\,p_2q$	008	008	033	

Allele	Gene	Berechnete Häufigkeit
O	r	0,66
A_1	p_1	0,21
A_2	p_2	0,07
B	q	0,06
Zusammen	1	1,00

C. Stabiles genetisches Gleichgewicht bei „random mating"

Genotypen	Häufigkeit in der Bevölkerung		Relative Tauglichkeit, F	Beispiel (*aa* letal)		
	(I)	(II)	(III) = (II)/(I)	(I)	(II)	(III)
AA	p^2	$p^2 - k$	$1 - k/p^2$	81	80	0,987
Aa	$2\,pq$	$2\,pq + 2\,k$	$1 + k/pq$	18	20	1,111
aa	q^2	$q^2 - k$	$1 - k/q^2$	1	0	0,000
Zusammen	1	1	1	100	100	1,000

Am Gleichgewichtspunkt von p und q besteht ein gleich hoher Verlust der Gene *A* und *a* bei Homozygoten.
(I) Häufigkeit bei der Geburt.
(II) Häufigkeit bei den Eltern. Sie werden für jedes erzeugte Kind einmal gezählt.
(III) Tauglichkeit, F. Diese gibt nach Multiplikation mit dem Tauglichkeitsfaktor des Ehegatten die Zahl der Kinder pro Person an. So hat z. B. die Ehe von AA und Aa $(1 - k/p^2)(1 + k/pq)$ Kinder und die Häufigkeit von $2\,p^3q$.

D. Prozentuale Häufigkeit der Genotypen von Elternpaaren bei Panmixie in bezug auf die allelen Gene am Rhesus Locus, D und d

Genotypen	Antigenzustand	Häufigkeit in Prozent
Homozygot *DD*	D-positiv	36
Heterozygot *Dd*	D-positiv	48
Homozygot *dd*	D-negativ	16

Tabelle der verschiedenen Ehetypen in Prozent

Die Gefahr einer Unverträglichkeitsreaktion besteht bei allen Kindern aus der Ehe DD ♂ und dd ♀ und der Hälfte der Kinder aus Dd ♂ und dd ♀

Mutter	Vater			Zusammen
	DD	*Dd*	*dd*	
DD	12,96	17,28	5,76	36,00
Dd	17,28	23,04	7,68	48,00
dd	5,76	7,68	2,56	16,00

E. Verteilung der Leistenzahlen bei den Fingerabdrücken männlicher Zwillingspaare
(nach LAMY, FRÉZAL, DE GROUCHY & KELLEY, 1957)

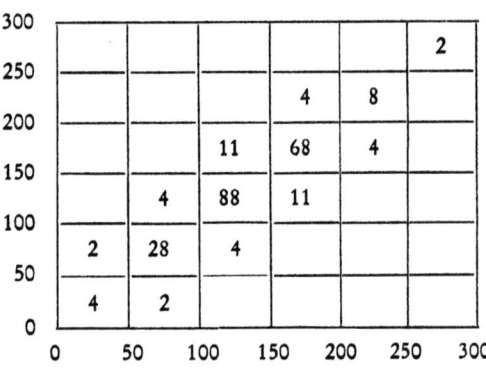

a) 120 eineiige Zwillinge, r = 0,95

	0	50	100	150	200	250	300
300					1		
250			3	6	2	1	
200	1	8	18	28	6		
150	3	15	30	18	3		
100	1	16	15	8			
50	2	1	3	1			

b) 95 zweieiige Zwillinge, r = 0,44

(In diesen Diagrammen ist die Verteilung in Gruppen zusammengefaßt, wodurch die Korrelationskoeffizienten etwas geringer als in der Originalmitteilung ausfallen.)

Literatur[1]

ALLISON, A. C.: Notes on sickle-cell polymorphism. Ann. hum. Genet. **19**, 39 (1954).
AMOS, D. B.: Genetic and antigenic aspects of human histocompatibility systems. Advances in Immunology (1969).
BAJEMA, C. J.: Estimation of the direction and intensity of natural selection in relation to human intelligence by means of the intrinsic rate of natural increase. Eugen. Quart. **10**, 175 (1963).
BARR, M. L., BERTRAM, E. G.: A morphological distinction between neurones of the male and female, and the behaviour of the nucleolar satellite during accelerated nucleoprotein synthesis. Nature (Lond.) **163**, 676 (1949).
BERNSTEIN, F.: Ergebnisse einer biostatistischen zusammenfassenden Betrachtung über die erblichen Blutstrukturen des Menschen. Klin. Wschr. **3**, 1495 (1924).
BRESCH, C., HAUSMANN, R.: Klassische und molekulare Genetik. 3. Auflage. Berlin-Heidelberg-New York: Springer 1972.
CHU, E. H. Y., GILES, H. N.: Human chromosome complements in normal somatic cells in culture. Amer. J. hum. Genet. **11**, 63 (1959).
DARWIN, C.: The variation of animals and plants under domestication. 2nd. edn. London: Murray 1875.
DELHANTY, J. D. A., ELLIS, J. R., ROWLEY, P. T.: Triploid cells in a human embryo. Lancet I, 1286 (1961).
Effect of radiation on human heredity. Geneva: World Health Organization 1957.
FISHER, R. A.: The genetical theory of natural selection. Oxford: Clarendon Press 1930.
FÖLLING, A.: Über Ausscheidung von Phenylbrenztraubensäure in dem Harn als Stoffwechselanomalie in Verbindung mit Imbezillität. Hoppe-Seylers Z. physiol. Chem. **227**, 169 (1934).
FUHRMANN, W., VOGEL, F.: Genetische Familienberatung. Heidelberger Taschenbücher, Band 42. Berlin-Heidelberg-New York: Springer 1968.
GORER, P. A.: Further studies on antigenic differences in mouse erythrocytes. Brit. J. exp. Path. **18**, 31 (1937).
GREGG, N. McA.: Congenital cataract following German measles. Trans. ophthal. Soc. Aust. **3**, 35 (1941).
HALDANE, J. B. S.: The causes of evolution. London: Longmans, Green & Co. 1932.
HALDANE, J. B. S., SMITH, C. A. B.: A new estimate of the linkage between the genes for colour-blindness and haemophilia in man. Ann. Eugen. (Lond.) **14**, 10 (1947).
HARDY, G. H.: Mendelian proportions in a mixed population. Science **28**, 49 (1908).
HARNDEN, D. G.: The chromosomes. Recent advances in human genetics. London: Churchill 1961.
HARRIS, H.: An introduction to human biochemical genetics. London: Cambridge University Press 1953.
The hazards to man of nuclear and allied radiations. London: H.M.S.O. 1956, 1961.
HOLT, S. B.: The genetics of dermal ridges. Springfield, Ill.: C. C. Thomas 1968.
Humangenetik. Eine kurzes Handbuch. In fünf Bänden. Stuttgart: Thieme.

---

[1] Eine Auswahl. Im übrigen sei auf das ausführliche, nach Sachgebieten untergliederte Literaturverzeichnis in F. VOGEL „Lehrbuch der allgemeinen Humangenetik" (1961) verwiesen.

INGRAM, V. M.: Hemoglobin and its abnormalities. Springfield, Ill.: Thomas 1961.

JACOBS, P. A., STRONG, J. A.: A case of human intersexuality having a possible XXY sex-determining mechanism. Nature (Lond.) 183, 302 (1959).

LANDSTEINER, K.: Über Agglutinationserscheinungen normalen menschlichen Blutes. Wien. klin. Wschr. 14, 1132 (1901).

LANDSTEINER, K., WIENER, A. S.: Studies on an agglutinogen (Rh) in human blood reacting with anti-Rhesus sera and with human isoantibodies. J. exp. Med. 74, 309 (1941).

LELE, K. P., PENROSE, L. S., STALLARD, H. B.: Chromosome deletion in a case of retinoblastoma. Ann. hum. Genet. 27, 171 (1963).

LENZ, F.: Die Bedeutung der statistisch ermittelten Belastung mit Blutsverwandtschaft der Eltern. Münch. med. Wschr. 66, 1340 (1919).

LENZ, W.: Kindliche Mißbildungen nach Medikament während der Gravidität. Dtsch. med. Wschr. 86, 2555 (1961).

LENZ, W.: Medizinische Genetik. 2. Aufl. Stuttgart: Thieme 1970.

LEWIS, T., EMBLETON, D.: Split-hand and split-food deformities, their types, origin and transmission. Biometrika 6, 26 (1908).

MACKENZIE, H. J., PENROSE, L. S.: Two pedigrees of ectrodactyly. Ann. Eugen. (Lond.) 16, 88 (1951).

MAXWELL, J.: Social implications of the 1947 Scottish mental survey. London: University of London Press Ltd. 1953.

McKUSICK, V. A.: On the X chromosome of man. Quart. Rev. Biol. 37, 69 (1962).

MENDEL, G.: Versuche über Pflanzen-Hybriden. Verh. Naturf. Ver. in Brünn 10, 1 (1865).

MOURANT, A. E.: The distribution of the human blood groups. Oxford: Blackwell Scientific Publications 1954.

NISHIMURA, H.: Chemistry and prevention of congenital anomalies. Springfield, Ill.: C. C. Thomas 1964.

NOWELL, P. C., HUNGERFORD, D. A.: Chromosome studies on normal and leukemic human leukocytes. J. nat. Cancer Inst. 25, 85 (1960).

PAINTER, T. S.: Studies in mammalian spermatogenesis. II. Spermatogenesis in man. J. exp. Zool. 37, 291 (1923).

PAULING, L., ITANO, H. A., SINGER, S. J., WELLS, I. C.: Sickle-cell anemia, a molecular disease. Science 110, 543 (1949).

PENROSE, L. S.: Biology of mental defect. London: Sidgwick & Jackson 1953.

PENROSE, L. S.: Ursachen des Schwachsinns. Genetik und Gesellschaft. Stuttgart: Wissenschaftliche Verlagsgesellschaft MBH 1970.

PENROSE, L. S., ELLIS, J. R., DELHANTY, J. D. A.: Chromosomal translocations in mongolism and in normal relatives. Lancet II, 409 (1960).

PENROSE, L. S., SMITH, G. F.: Down's anomaly. London: J. & A. Churchill 1966.

RACE, R. R., SANGER, R.: Blood groups in man. Oxford: Blackwell Scientific Publications 1954.

RENWICK, J. H.: The mapping of human chromosomes. Ann. Rev. Genet. 5, 81 (1971).

ROBERTS, J. A. F., NORMAN, R. M., GRIFFITHS, R.: Form of the lower end of the frequency distribution of Stanford-Binet intelligence quotients. Ann. Eugen. (Lond.) 8, 319 (1937).

SEABRIGHT, M.: A rapid banding technique for human chromosomes. Lancet II, 971 (1971).

SCHULL, W. J.: Empirical risks in consanguineous marriages: sex ratio, malformation, and viability. Amer. J. hum. Genet. 10, 294 (1958).

Steele, M. W., Breg, W. R.: Chromosome analysis of human amniotic cells. Lancet I, 383 (1966).
Stern, C.: Principles of human genetics. 2nd ed. San Frincisco and London: Freedman & Co. 1960.
Stevenson, A. C., Cheeseman, E. A.: Hereditary deaf mutism, with particular reference to Northern Ireland. Ann. hum. Genet. 20, 177 (1955).
Tjio, J. H., Levan, A.: The chromosome number of man. Hereditas (Lund) 42, 1—6 (1956).
Verschuer, O. v.: Genetik des Menschen. München-Berlin: Urban & Schwarzenberg 1959.
Vogel, F.: Lehrbuch der allgemeinen Humangenetik. Berlin-Göttingen-Heidelberg: Springer 1961.
Weinberg, W.: Über den Nachweis der Vererbung beim Menschen. Jahresh. Verein vaterl. Naturk. Württ. 64, 369 (1908).

Namenverzeichnis

Allison, A. C. 61
Andres, A. H. 22
Auerbach, C. 52

Bajena, C. J. 112
Baker, H. 2
Barnicot, N. A. 21
Barr, M. L. 66
Bateson, W. 36, 37
Bearn, A. G. 44
Beet, E. A. 41
Bell, J. 56
Bernstein, F. 28, 46, 48, 55
Böök, J. A. 40, 102
Boudin, M. 8, 37
Burt, C. 111

Carter, C. O. 93
Catell, R. B. 111
Chu, E. H. Y. 22
Cuthbert, C. F. 37

Dahlberg, G. 55
Darwin, C. 2, 15, 51
Davenport, C. B. 14, 72
Delhanty, J. A. B. 97
Djordjevic, B. 21
Dukes, C. E. 107

Ebstein, W. 36, 37
Embleton, D. 33

Fisher, R. A. 15, 52, 57, 62
Fölling, A. 42
Ford, C. E. 20, 127
Galton, F. 4, 12—16, 62, 84, 86, 109, 112
Garrod, A. E. 3, 36, 37
Giles, N. H. 22
Gorer, P. A. 30
Gregg, N. McA. 101
Gunn, D. R. 99, 100

Haldane, J. B. S. 52, 70, 71, 73, 80
Hamerton, J. 20
Hardy, G. H. 46, 51, 58, 129
Harnden, D. G. 23
Hirszfeld, H. 48
Hirszfeld, L. 48
Hogben, L. 69
Hsu, T. C. 126
Huxley, H. E. 21

Ingram, V. M. 41

Jacobs, P. A. 127

Kalow, W. 99, 100

Lamarck, J. B. 15
Landsteiner, K. 6, 11, 27, 79
Lawler, S. D. 77
Lejeune, J. 127
Lenz, F. 55
Lenz, W. 99
Levan, A. 18
Lewis, T. 33
Lucas, P. 9
Lyon, I. W. 8
Lysenko, T. D. 15

MacKenzie, H. 34
Marshall, R. 23
Maupertuis, P. L. M. de 1
Maxwell, L. 112
Mendel, G. 8, 16, 29
Michurin, I. 15
Millis, J. 90
Mohr, J. 77
Mohr, O. L. 40
Muller, H. J. 52, 122
Müller, J. 37
Murphy, D. P. 92

Naruse, H. 43
Nasse, C. F. 8
Navashin, M. S. 22
Neel, J. V. 41
Newman, H. H. 84, 86
Nishimura, H. 99

Otto, J. C. 8

Painter, T. S. 17
Pauling, L. 41
Pearson, K. 14, 76, 111, 112
Penrose, L. S. 34, 74, 117
Puck, T. T. 53, 126

Rendel, J. M. 113
Renvick, J. H. 77
Roberts, J. A. F. 114

Saunders, E. R. 37
Schull, W. J. 57

Scott, J. 2, 68
Seabright, M. 22
Sedgwick, W. 9
Shizume, K. 43
Smith, C. A. B. 72
Snell, G. G. 91, 98
Stern, C. 74
Stevenson, A. C. 104
Sutter, J. 56
Szybalsky, W. 21

Tabah, L. 56
Tjio, J. H. 18

Weinberg, W. 5, 46, 51, 58, 129
Whisson, Rev. 2
Wiener, A. S. 11, 79
Wilson, E. B. 65
Wilson, S. A. K. 44
Winge, O. 69
Wriedt, C. W. 40
Wright, S. 52

Sachverzeichnis

Akrozephalosyndaktylie 54
Albinismus 48
Allele 16, 26, 28—31, 52, 58, 115
Alkaptonurie 36
Alter der Mutter 85, 95, 96, 105, 124
— des Vaters 95, 105, 106
Amniozentese 120
Anaphase s. Zellteilung
Anenzephalie 91—93, 104
Antigene s. Blutgruppenantigene
Antikörper 26—31, 79—81
Antizipation 45
Augenfarbe 48, 57, 69
Autosomen 66, 75—77
Auslese 51, 52; s. auch Selektion

Barr-Bodies 66—67
Bastarde 110
Besamung, künstliche 118
Bevölkerung 10, 49, 124, 125
Bluterkrankheit s. Haemophilie
Blutfarbstoff s. Haemoglobin
Blutgruppen, ABO 11, 26—29, 46—50, 54, 57, 77, 78
—, MNS 32, 50, 54
—, Rh 11, 32, 50, 77—81
Blutgruppenantigene 26, 27, 87
Blutsverwandtschaft 36—38, 55—57, 112

Chondrodysplasie 54, 98, 105
Chondrodystrophie 40
Chorea Huntington 8, 102
Chromosomen 17—24
—, Elektronenmikroskopie 21
—, Satelliten 22—23
Chromosomenanomalien 93—97
Chromosomenbrüche 53, 97—98
Chromosomenpaare, homologe 17, 20
Chromosomenzahl 17, 24, 94—97
Coeruloplasmin 44
„Crossing-over" 71, 72, 78

Debilität 116—118
Deletion 97, 107
Desoxyribonucleinsäure (DNS) 16, 17, 19, 21, 108
Diabetes mellitus 104, 123
Dominanz 26, 31—36
Drillinge 85

Down-Syndrom s. Mongolismus
„Dysgenik" 111

Eigenschaften, erworbene 15
Eizelle 20
Ektrodaktylie 33—35, 44, 98
Elliptozytose 77
Enzymdefekte 42, 45
Epilepsie 103
Epiloia 54
Erbeinheiten s. Gene
Ernährung 89, 90, 92, 112
Eugenik 109 ff.
—, negative 119

Farbenblindheit 2, 7, 65, 68, 69, 72, 73, 106
Favismus 100
Finger s. auch Ektrodaktylie
—, kurze 33, 39, 40
—, zusätzliche 1, 33
Fingerabdrücke 63, 86
Fruchtbarkeit 111, 116—118, 121, 123
Fruchtwasser 120

Gameten 20
Geburtsgewicht 61, 89, 90
Geisteskrankheiten 102, 103; s. Schizophrenie, manisch-depressives Irresein
Gelbsucht 80
Gene 16 ff.
—, geschlechtsgebundene 64, 67—71
Genetik, experimentelle 8, 10, 16, 52, 72, 98, 99
Genhäufigkeit 46—52, 55—58, 113
Genotypen 28, 29, 47
Geschlechtsbeeinflussung 64, 75
Geschlechtschromosomen 17, 20, 65—75, 96
Geschlechtsverhältnis 67
Geschmacksempfindung 32, 47
Gewebsantigene 29—31
Gleichgewicht, genetisches 57—59, 117, Anhang A
Glucose-6-Phosphat-Dehydrogenase 100

Haarfarbe 42, 43, 48, 50, 121
Haarlosigkeit 123
Haemoglobin 41, 61

139

Hämophilie 8, 65, 70—72, 93
Haptoglobin 31
Hautfarbe 15, 43, 48, 50, 82, 121, 122
Heritability 54
Heterozygote 26, 28
Heterozygotenvorteil 60, 61
HLA-System 30, 31
Hochbegabung 12
Homozygote 26, 28, 31
„Hummerscheren"-Hände s. Ektrodaktylie
Hybriden s. Bastarde
Hydrozephalus 93

Imbezillität 116—118
Infektionskrankheiten 94, 101
Intelligenz 9, 57, 75, 111—118
Interphase s. Zellteilung
Inzucht s. Blutsverwandtschaft
Inzuchtkoeffizient 55

Kahlköpfigkeit, vorzeitige 75, 76
Keimdrüsen 18
Keimzellen 20
Klinefelter-Syndrom 67, 95, 96
Körperbau 12, 82, 83
Körpergewicht 112
Körpergröße 13, 14, 50, 57, 61, 62, 64, 76, 94, 112—115, 122
Kopfgröße 76, 112; s. auch Anenzephalus, Hydrozephalus, Mikrozephalus
Kopplung 71—73, 76—79
Korrelation 12, 63, 112
Korrelationskoeffizient 14
Krebsforschung 106—108

Lambert-Familie s. Stachelschweinhaut
Lepra 9
Leukämie 107, 108
Locus 16, 17

Malaria 61, 123
Manifestation von Genen 44
Manisch-depressives Irresein 102
Meiose 20
Mendelsche Aufspaltung 7—9, 33
— Regeln 29, 31, 33
Merkmale, abgestufte 11—14, 61, 62
—, letale 52
Metaphase 19, 20
Mikrozephalus 88
Mischlinge s. Bastarde 33—35, 90—93

Mißbildungen 96; s. auch Ektrodaktylie, Anenzephalie, Spina bifida
Mitose 17, 19, 20
Mongolismus 94, 96, 104, 120
Mosaik, chromosomales 96
Mutation 15, 35, 52—55, 58, 59, 70, 106, 108, 122
Mutationsrate 54, 70

Nagel-Patella-Syndrom (NPS) 77, 78
Nucleolus 23

Phänotyp 28, 31, 48, 49
Phenylketonurie 42, 43, 44, 47
Polyposis des Dickdarms 107
Population 46 ff.; s. auch Bevölkerung
Prophase s. Zellteilung
Pylorus-Stenose 93

„Random mating" 46, 50, 129, 130
„Rassen"-Mischung 121
Retinoblastom 107
Rezessivität 26, 31, 32, 36, 39
Rhesusfaktor s. Blutgruppen, Rh
Ribonucleinsäure (RNS) 17
Röteln 101

Schildpattkatze 26
Schizophrenie 102, 104
Schwachsinn 9, 14, 96, 114—118; s. auch Mikrozephalus, Hydrozephalus, Mongolismus, Phenylketonurie
Schwangerschaftsunterbrechung 120
Sekretor 77
Selektion 11, 15, 58, 80, 123, 124; s. auch Auslese
Sichelzellenmerkmal 40, 41, 61, 123
Sozialgenetik 124—126
Spermium 20, 105
Spina bifida 92
Stachelschweinhaut 2, 73—75
Stammbäume, Symbole 7
Sterilisation 119
Strahlung 52, 53, 59, 60, 107
Succinylcholin 99

Taubstummheit 8, 37, 101, 104
Tauglichkeit, biologische 51, 60, 70, 123
Telophase s. Zellteilung
Temperament 9, 82, 86
Transduktion 126
Transferrine 31

Translokation, reziproke 97
Transplantationen 30
Triploidie 96, 97
Trisomie 96
Tuberkulose 9, 88, 89
Turner-Syndrom 66, 95, 96, 105

Ulcus pepticum 81, 82

Vaterschaftsuntersuchungen 31, 106
Vererbung, geschlechtsgebundene 65—71
Vermischung von Eigenschaften 14
Vetternehen s. Blutsverwandtschaft
Viren 107, 108
Voraussagen, genetische 103—105

Wasserkopf s. Hydrozephalus

X-Chromosomen s. Geschlechtschromosomen

Xg-Antigene 73, 96
XYY-Syndrom 75

Y-Chromosom s. Geschlechtschromosomen

Zellkultur 18
Zellteilung 18—20
Zentriole 19
Zentromer 19, 22, 73
Zuckerkrankheit s. Diabetes mellitus
Zwergwuchs s. Chondrodysplasie
Zwillinge 84 ff., 88, 89
—, eineiige 84—88
—, siamesische 86—87
—, zweieiige 84—87
Zygote 20
Zytoplasma 24

Heidelberger Taschenbücher

Medizin — Biologie

- 3 W. Weidel: Virus- und Molekularbiologie. 2. Auflage. DM 5,80
- 4 L. S. Penrose: Einführung in die Humangenetik. 2. Auflage. DM 12,80
- 5 H. Zähner: Biologie der Antibiotica. DM 8,80
- 18 F. Lembeck/K.-F. Sewing: Pharmakologie-Fibel. 2. Auflage. In Vorbereitung
- 24 M. Körner: Der plötzliche Herzstillstand. DM 8,80
- 25 W. Reinhard: Massage und physikalische Behandlungsmethoden. DM 8,80
- 29 P. D. Samman: Nagelerkrankungen. DM 14,80
- 32 F. W. Ahnefeld: Sekunden entscheiden — Lebensrettende Sofortmaßnahmen. DM 8,80
- 41 G. Martz: Die hormonale Therapie maligner Tumoren. DM 8,80
- 42 W. Fuhrmann/F. Vogel: Genetische Familienberatung. DM 8,80
- 45 G. H. Valentine: Die Chromosomenstörungen. DM 14,80
- 46 R. D. Eastham: Klinische Hämatologie. DM 8,80
- 47 C. N. Barnard/V. Schrire: Die Chirurgie der häufigen angeborenen Herzmißbildungen. DM 12,80
- 48 R. Gross: Medizinische Diagnostik — Grundlagen und Praxis. DM 9,80
- 52 H. M. Rauen: Chemie für Mediziner — Übungsfragen. DM 7,80
- 53 H. M. Rauen: Biochemie — Übungsfragen. DM 9,80
- 54 G. Fuchs: Mathematik für Mediziner und Biologen. DM 12,80
- 55 H. N. Christensen: Elektrolytstoffwechsel. DM 12,80
- 57/58 H. Dertinger/H. Jung: Molekulare Strahlenbiologie. DM 16,80
- 59/60 C. Streffer: Strahlen-Biochemie. DM 14,80
- 61 Herzinfarkt. Hrsg. von W. Hort. DM 9,80
- 68 W. Doerr/G. Quadbeck: Allgemeine Pathologie. 2. Auflage. DM 6,80
- 69 W. Doerr: Spezielle pathologische Anatomie I. DM 6,80
- 70a W. Doerr: Spezielle pathologische Anatomie II. DM 6,80
- 70b W. Doerr/G. Ule: Spezielle pathologische Anatomie III. DM 6,80
- 76 H.-G. Boenninghaus: Hals-Nasen-Ohrenheilkunde für Medizinstudenten. 2. Auflage. DM 14,80

- 77 F. D. Moore: Transplantation. DM 12,80
- 79 E. A. Kabat: Einführung in die Immunchemie und Immunologie. DM 18,80
- 82 R. Süss/V. Kinzel/J. D. Scribner: Krebs — Experimente und Denkmodelle. DM 12,80
- 83 H. Witter: Grundriß der gerichtlichen Psychologie und Psychiatrie. DM 12,80
- 84 H.-J. Rehm: Einführung in die industrielle Mikrobiologie. DM 14,80
- 88 F. W. Bronisch: Psychiatrie und Neurologie. DM 16,80
- 89 G. L. Floersheim: Transplantationsbiologie. DM 14,80
- 94 F. Anschütz: Die körperliche Untersuchung. DM 14,80
- 95 H. Moll/J. H. Ries: Pädiatrische Unfallfibel. DM 14,80
- 96 Grundriß der Neurophysiologie. Hrsg. von R. F. Schmidt. 2. Auflage. DM 14,80
- 97 W. D. Keidel: Sinnesphysiologie. Teil 1. DM 14,80
- 100 W. F. Angermeier: Kontrolle des Verhaltens: Das Lernen am Erfolg. DM 14,80
- 101 A. A. Bühlmann/E. R. Froesch: Pathophysiologie. DM 14,80
- 106 H. H. Balmer: Die Archetypentheorie von C. G. Jung. DM 14,80
- 111 H. Mellerowicz/W. Meller: Training. DM 12,80
- 112 Kursus: Radiologie und Strahlenschutz. Redaktion: J. Becker, H. M. Kuhn, W. Wenz, E. Willich. DM 16,80
- 113 A. Greither: Dermatologie und Venerologie. DM 14,80
- 115 F. Kaudewitz: Molekular- und Mikroben-Genetik. DM 16,80
- 116 T. J. Franklin/G. A. Snow: Biochemie antimikrobieller Wirkstoffe. DM 16,80
- 118 O. Hallen: Klinische Neurologie. DM 16,80
- 119 K.-H. Bäßler, W. Fekl, K. Lang: Grundbegriffe der Ernährungslehre. DM 14,80
- 121 Humanbiologie. Hrsg. von H. Autrum, U. Wolf. DM 14,80
- 122 W. Piper: Innere Medizin. In Vorbereitung
- 124 H. Stegat: Enuresis. DM 12,80
- 125 U. Lüttge: Stofftransport der Pflanzen. DM 19,80
- 128 R. E. Froelich/F. M. Bishop: Die Gesprächsführung des Arztes. DM 16,80
- 130 H. Kind: Leitfaden für die psychiatrische Untersuchung. In Vorbereitung

MIX
Papier aus verantwortungsvollen Quellen
Paper from responsible sources
FSC® C105338

If you have any concerns about our products,
you can contact us on
ProductSafety@springernature.com

In case Publisher is established outside the EU,
the EU authorized representative is:
**Springer Nature Customer Service Center GmbH
Europaplatz 3, 69115 Heidelberg, Germany**

Printed by Libri Plureos GmbH
in Hamburg, Germany